U0010412

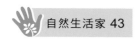
種子
seed bonsai

盆栽
真有趣

無性繁殖⊗直接種植⊗泡水催芽

晨星出版

目錄
CONTENTS

PART 1
事前基礎知識

PART2
簡單易懂的種植法

作者序

　　小時候因看了卡通「小甜甜」而愛上了玫瑰花，興起種植玫瑰的念頭，然而家裡窮買不起，媽媽經不起我的「魯」，硬塞了一盆小小的九層塔給我，直說它會開紫色的花。由於盆很小，我心想這樣植物一定長不好，所以給它換了大一點的盆，當時只有森永奶粉罐比較大，我就填了些田裡的土，開始了第一盆無洞盆器植物。

　　在每天澆水下，日子一天天過去了，沒想到期待落空，哪來的花啊！只見葉子一直掉，莖變軟，我捧著九層塔跑去問阿公，阿公說：「傻孫丫～水澆太多啦！盆沒戳洞植物也沒晒太陽，怎麼會長得好。」這些話使我茅塞頓開，開啟了對植物的興趣。

　　住在鄉下，要種植物的機會很多，看著植物成長，真的滿心歡喜，甚至喜愛到想就讀農校，然而阿公一句：「有女生去顧森林的嗎？」所以後來還是乖乖地去讀當時女生該讀的商科學校。雖是如此，仍不減我對植物的熱愛，只要有關植物的一切，舉凡種植或是圖鑑書都愛，甚至熱衷於動手種植，雖然過程中成敗參半，但因植物幼苗形態的圖鑑並不多，且種植過後我深怕會忘記植物的小苗形態，因此就在 95 年 11 月 11 日成立了「豆豆森林種子盆栽教學 D.I.Y」部落格，開始記錄植物的發芽生長狀況。一開始的內容先從食用植物開始，接下來從公園、行道樹撿拾種子，之後豆友們開始分享、討論，累積縮短發芽的好方法，直到現在已記錄了 512 種植物的種植方式。

　　踏入教學領域後，看著學員們種植，在學習過程中均獲得信心與成就感，分享種植經驗與快樂，教學相長下植物成長紀錄更加豐富了，接著我開始積極把作品投入公益活動，幫助弱勢團體，分享大愛，營造環境綠美化。

這是我第二次出書了，先前第一本書是大略說明所有的發芽方法，有讀者反應樹種寫得太少，所以當晨星出版社找我討論出版計畫時，我們就決定此次內容以常見 100 種植物的發芽種植方式為架構，分二冊出版。

在籌備本書過程中，為了這 100 種植物的花朵、果實、葉片，我不知道環島多少次才蒐集到這些植物照片，書中種植部分有賴傅婉婷老師大力協助幫忙，種子盆栽作品的照片是多年來在社大教學時，學員的優秀作品累積，因此本書可說是集合眾人成果，大家通力合作完成的。

隨著氣候環境變遷，對於種子盆栽愛好者而言頗具挑戰，過去這三、四年氣候變化相當大，不定期的花開花謝，春夏秋冬時序越來越亂，甚至種子市場更是大亂，由於種植方法會隨著天氣做修正，因此希望能用簡單的發芽方式，分享給大家瞭解如何種出漂亮的種子盆栽。

推廣種樹並不算容易，但種子盆栽卻是個好方法，很多人大多是沒有一個適切的機會認識生活周遭的花草樹木，意識植物對於我們生活環境的重要性，因此不懂得關心植物，希望透過本書簡單、快速地種植方法，讓大眾親近並喜愛種子盆栽，引導更多人接觸、瞭解進而付諸行動，在此推廣給身邊的親朋好友，人人一棵樹，我們的下一代就能享有一片樂土、一個美好家園。

| 教學網站 |

• 豆豆森林種子盆栽教學 D.I.Y
http://blog.xuite.net/wen529595/twblog

• 豆豆森林粉絲團
https://www.facebook.com/
groups/113591555359283/

• 豆豆森林學員種植點滴
https://www.facebook.com/
DouDouSenLinFenSiTuan?hc_location=timeline

作 者 序

進入種子世界是一個巧妙因緣，因為工作受傷而暫時休息，休養期間，在公園撿到了一顆種子，種子的樣貌跟我們常吃的蓮霧相似，回家上網搜尋得知是「蒲桃」種子，間接地也發現豆媽老師的豆豆森林網頁，裡面撰寫了很多植物的種植記錄，當時雀躍萬分，因而好奇去試聽，就與老師結下很深的緣分，也與種子種下了無法割捨的情緣。

學習種子盆栽種植第二年，老師讓我參與豆豆森林第一本書的編輯與攝影，期間跟著老師學做記錄，也慢慢協助教學，在種子盆栽種植上，老師給了我很多的鼓勵與指導，萬分感謝老師引領我進入種子的世界，進而一路的提拔我，讓我有信心走上教學，也參與豆豆森林第二本工具書的盆栽記錄，分享自己喜愛的手作作品給大家。

剛開始喜愛上種子時，超喜歡撿種子，只要從樹旁路過，不管它是不是種子全都撿回家，所以常常撿了很多花和狗屎。帶去課堂請老師幫忙解惑，老師非常仔細地詢問，葉子是什麼形狀、長多高等我回答不出的問題。哈～因為愛撿種子的人，眼睛裡只有種子，看不到樹，我想很多剛開始喜歡撿種子的朋友們，都有這種奇妙不可言喻的症狀。

進入教學領域後，發現用詳實紀錄的步驟與方法，加上簡單的技巧，讓同學們對種子的發芽不再困擾，不再懼怕照顧盆栽，種子盆栽澆水很難，控制不澆水更難，學會觀察才是高手!種子盆栽種植主要想傳遞給大家一個「慢

活」的生活，從種子撿拾回來，耐心清洗，等待發芽、等待成長、等待有機會它到戶外長成大樹，一直都是在培養對植物的耐心、細心與關心。

種植很有趣，手作也很好玩，它不僅提升了種子的附加價值，更是延續了種子的第二生命。在撿拾種子或吃水果時，會有不少的果皮與種子被保留下來，靈感就在其中慢慢累積，隨意地拼拼湊湊，很多的昆蟲、動物、人物等等手作品就一件件的展現出來，讓大、小朋友看了都流露出歡喜讚嘆的眼神！也因此鼓勵婉婷想把種子世界的美帶給大家。

這本書醞釀了四年之久，紀錄期間要特別感謝王偉聿老師，在我種子手作上給予指導。還要感謝好友林攸珞和豆豆森林的講師張嘉讌、李季芳、陳麗蟬，好友張美華、林秋榮、郭育大姊、姚金鳳、楊淑涵、鄭慧娟等很多陪伴左右的朋友和家人，一路上的支持與鼓勵，還有學員們無私的分享盆栽作品與協助拍攝，婉婷銘感於心，萬分感恩。特別要感謝老公，假日常常帶著我東奔西跑的尋找種子，也體諒我時常無法兼顧到家事。

打開窗戶就能看見你我的小森林，不難，只要您願意給種子一個發芽的機會，讓我們共同攜手創造心中的植物方舟。

傅婉婷

事前
基礎知識

基本工具介紹

盆器

基本上盆器以無洞盆器為主,任何材質均可,
但盡量避免素燒盆、水泥盆、多肉植物專用盆;
無洞盆器的保溼度較高,適合種子盆栽。

椰殼

陶器

瓷器

素燒盆

POLY 波麗盆器

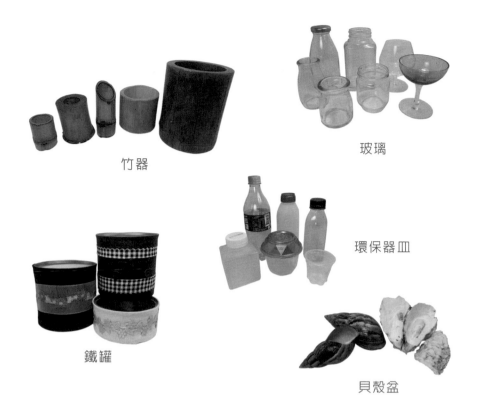

竹器

玻璃

環保器皿

鐵罐

貝殼盆

C O L U M N

改造有洞盆器

利用錫箔紙與細紗網改造有洞盆器,雖不能完全防漏,但也具有保溼作用。

1	**2**	**3**

❶有洞盆器
❷錫箔紙:略為防水、保溼。
❸細紗網:錫箔紙破掉後,
　防止土壤流失。

錫箔紙先鋪於底部,大小需
大過盆底。

細紗網大小約跟盆底一樣,
放於錫箔紙之上即可。

工具

噴水器
種子盆栽用噴水方式，比
較能讓整盆水量均勻。

催芽器具
有蓋子的環保器皿為佳。

泡水器具
可盛水的環保器皿均可使用。

清洗工具
網篩、銅刷、牙刷、洗
衣網、海綿、抹布等。

種植工具
筆、標籤紙、湯匙、鑷子等。

PART 1 ── 事前基礎知識

去皮、破殼與修剪工具
美工刀、錐子、斜口鉗、
剪刀、指甲刀、萬能鉗、
花剪、刀子等。

固定、塑型工具
鋁線、橡皮筋、透明膠
帶、吸管、濾網、水果
保護網、保鮮膜。

COLUMN

自製環保澆水器

在寶特瓶蓋子中間，用錐子由內向外戳洞（一至多個均可），就可以作為簡便的澆水器使用。

1

2

3

介質

種植與換盆時和其他土壤混合使用。

麥飯石
顆粒大小以 1 分為主，功用為保溼與固定。

水苔
種子催芽與種植，清洗後可重複使用。

泥炭土
土壤較細且保溼度好、無蟲卵，選擇內有添加珍珠石者更優，適合種子盆栽。

赤玉土
高溫殺菌過的土壤較為透氣，排水力佳，適用怕溼的種子。

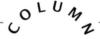

COLUMN

麥飯石清洗

麥飯石使用前，因裡面含有雜質與細沙，須確實清洗。

洗到水變清澈為止，方能使用。

2

果實的清洗

果實有保護與散播種子的功能，需破壞它的保護機制，才能讓種子順利發芽，為避免種子在室內悶芽或種植過程中長蟲或發霉，清洗種子是非常重要的步驟，建議皮膚容易過敏的人，在整理果實過程中要戴手套。

果肉多的種子處理方式

示範植物
番石榴

1 果實先放軟。

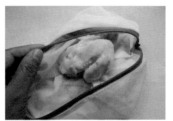

2 去除果皮後，將放軟的果肉放入單層洗衣網袋中，在水中揉搓一番，直到果肉與種子分離。

果肉少、果皮有色素，不易去皮的種子處理方式

示範植物
日本女貞

1 果實先放軟。若果皮太硬，可將其放入塑膠袋中並噴一點水，然後晒太陽，此方式可縮短果實軟化的時間。

2 有色素的果實，易將手染色且不容易清洗，可把果實放入袋中，噴少許水後用手揉搓袋子，直到果皮、果肉與種子分離，再進行清洗。

果肉少、果皮沒有色素且容易去皮的種子處理方式

示範植物
拾壁龍

1 將果實放軟。

2 直接用手或網篩以按壓方式，或放入網袋揉搓均可。

3 搓揉後的種子倒入盛水容器中，健康的種子會往下沉。將果皮、果肉清洗去除後，有些種子可能會因為包覆空氣而浮在水面，若經過一段時間後仍浮在水面，即表示種子品質不好，請捨棄。

COLUMN

沾到黏膩汁液、乳汁的清洗技巧

處理果實或種子過程中，若手或工具沾到黏膩的汁液、乳汁時，皆可以食用油塗抹後搓洗，讓黏液與油起乳化作用後，再用沙拉脫清洗，很快就可將黏膩感清除。

大葉山欖果實的黏膠。

瓊崖海棠或福木的黃色黏液。

卡利撒的白色乳汁。

果實帶油膩的種子處理方式

示 範 植 物
台灣海桐

1 將油膩的種子用鑷子從果實夾出，放入袋中。

2 在袋中加入少許食用油。

3 捏住袋口，揉搓均勻。

4 然後再加入少許洗碗精。

5 繼續揉搓，直到種子可以粒粒分開。

6 放入網篩，揉搓清洗乾淨即可。

具紋路種子的處理方式

紋路與纖維較深的種子，其紋路間的果肉較難清除，這時可利用牙刷或銅刷來處理，務必將果肉清除乾淨，在悶芽過程中可減少發霉或長蟲的機率。

藍棕櫚

狐尾櫚

土耕 —— 小森林種子排列法

土耕蓋麥飯石法

覆蓋麥飯石是為了要保溼與固定植株用，種子成長需要比較潮溼的環境者，麥飯石需全蓋，第一次澆水需澆透保溼。

示 範 植 物
月橘

1 盆器內裝入約九分滿的土。

2 以拍打盆器方式讓土與土之間的空隙變小，略為紮實。

3 再次加土至九分滿。

Point
請勿按壓

4 用湯匙輕輕按壓鋪平。

5 種子緊靠盆器邊緣，芽點朝下，種子的 1 / 3 插入土壤，由外向內排列，挑選種子小的在外圈，大的在內圈模式排列。

6 排列第二圈時，種子放置在第一圈的種子與種子間交錯排列。

7 直到排列至中心為止，若
由中心向外排列，容易偏
離，導致美感不足。

8 在種子上鋪設薄薄一層麥
飯石，以看不到種子為原
則，不可太厚以免重壓。

9 用手按壓緊實，讓麥飯石、
種子與土貼合在一起。

10 第一次使用灑水器或噴
水器澆水，直到盆器滿
水，靜置一分鐘。

11 接著將盆器傾斜倒掉多
餘的水，第一次澆水時
才需澆透，充分保溼，
此種澆透方式僅用在麥
飯石全部覆蓋與種子較
大顆或葉片較大的植
物。

12 貼上標籤註記。

13 之後約兩天噴水一次，噴到讓麥
飯石變黑即可。若麥飯石還是黑
色表示保溼度夠，請勿澆水。因
無洞花器保溼度高，澆水無須太
過頻繁。

較大顆的種子或植株葉子較
大片者,排列種子時間距要
留大一點,種子與種子間可
用麥飯石固定與保溼,不須
將種子全部覆蓋,第一次澆
水需澆透保溼。

PART
1

事前基礎知識

示 範 植 物
阿勃勒

種子怕潮溼者,排列時種子
與種子間可用麥飯石固定,
不須將種子全部覆蓋,也不
需將水澆透。

示 範 植 物
蘋婆

排列特別怕潮溼的種子時,
不用麥飯石固定,也不需要
將水澆透。

土耕蓋保鮮膜法

會蓋保鮮膜的原因是此類種子小、紮根力弱且怕溼的緣故。

示範植物
火龍果

1 盆器內裝約九分滿的土，
將土鋪平，表土噴少許水。

2 種子均勻的撒在表土之
上，用湯匙輕輕按壓鋪平。

3 蓋上保鮮膜，保鮮膜記得
戳洞透氣。

4 在發芽過程中，只要保鮮
膜上有水氣，就不須澆水。

5 約二～三週爆盆。

6 再將保鮮膜去除即可。

單株土耕法

板栗

1 土耕悶芽，根約 2 公分。

2 盆器內裝約九分滿的土，用鑷子往土裡戳個洞。

3 將長出的根埋進土內，根莖交界處怕潮溼，種子外露可降低爛莖之風險，還可欣賞種子發芽過程中的美感。

4 用麥飯石固定種子，澆水澆透保溼，之後兩天澆水一次即可。

5 約四週成長狀況。

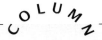

如何利用麥飯石作為介質

麥飯石有保溼作用，又可固定種子根系，可運用於種植。

示 範 植 物
月橘

1

盆器裝滿麥飯石，種子芽點朝下排列後，水約盆器八分滿。

2

蓋上保鮮膜，保鮮膜戳洞透氣，只要保鮮膜有水氣，不須澆水。

3

等待根與莖部都長出後，再將保鮮膜去除。

4

用鑷子去除種皮。

約三週成長狀況。

4

水耕 —— 基本種植方法與照顧

大部分的種子都可採用水耕方式，但要如何照顧好水耕植物，透過對種子的基本認識與下面步驟介紹，讓你輕鬆掌握栽植技巧。

水耕種植技巧

示 範 植 物
大葉桃花心木

1 水耕悶芽的根部長度需 5 公分以上。

2 找個小瓶口容器，根朝下種植。

3 每天在葉子上噴水，除了清潔，更可早日展葉，盆器內要適時補水。

示 範 植 物
林投

植物根系若夠長，從水苔取出後洗乾淨，根莖對齊一把抓著就可放入盆器，不需任何工具即可水耕。

示 範 植 物
毛柿

水耕植物的水量高度，勿淹至根與莖交接處以免爛莖。

示 範 植 物
亞力山大椰子

適合子葉不出土型植物，將種子外掛在盆器邊緣，也是另一種美感的展現。

Point
根莖交接處是植物的心臟，不要淹到水，植株比較不會爛莖。

掛瓶的方法

■種子大的，只要挑選小瓶口盆器就能掛瓶。

示　範　植　物　　　　　示　範　植　物　　　　　示　範　植　物
檳榔　　　　　　　　銀葉樹　　　　　　　瓊崖海棠

■小種子只要利用網袋就能輕鬆掛瓶。

示　範　植　物
月橘

1 利用廚房用的細濾網，蓋住瓶口拉緊後，再用橡皮筋束口，之後將多餘的濾網修剪掉。

2 將發芽的小種子由中間向外掛入網洞，掛滿瓶口後，盆器裝滿水等待成長。當根系變長，就不需滿水，只要根系泡到水即可。平時只要偶爾添加一些水即可。

3 此方法非常適合子葉不出土型與根系細直的小種子。較大種子或根系粗的可選用粗的洋蔥網袋。

Point
> 水耕植物根系一旦碰到盆器底部，讓它自然盤根，無須換盆，以利固定植株成長。

吸管也能當盆器

示 範 植 物
竹柏

1

取一容器，將吸管斜插入後
剪至與瓶口同高。

2

取 3～5 顆發根種子，視吸
管粗細，將根莖交界處對齊
後插入吸管裡，不易鬆脫程
度即可。

3

此方法適用於子葉出土型種
子、盆器太大或根系太短的
植物，加水與換水都很便利。

水耕盆栽的換水與照顧

夏天一週換水一次，冬天兩週換水一次。換水時只要將水倒出，
再注入乾淨的水，不需將植株整個拉出清洗；除非根系有爛掉。

除了柿樹科植物根系是黑色的
以外，一般植物的根系大多是
白色，若發現根系發黑爛掉，
就要將植株拉出清洗，剪除爛
掉的根系，避免細菌感染。

有些植物的根系會長根瘤菌，
也無須將植株拉出來搓洗去
除，根瘤菌對植物來說是好的
物質。

示 範 植 物
龍麟櫚

示 範 植 物
文珠蘭

玻璃盆器水耕，請勿放置太陽下直晒。
1. 易長青苔（圖右）
2. 玻璃會導熱，容易讓植栽因水溫過
   高而死亡。

果皮與種皮的認識

■依照不同果皮質地可將果實粗略分為肉果或乾果。

肉果

芭樂

乾果

大葉桃花心木

■包圍果實的壁通常分為三層，分別為外果皮、中果皮、內果皮。

肉果：通常外果皮薄，中、內果皮癒合在一起，無法分離，本書以果皮與果肉簡稱。

乾果：果皮乾硬，有些會分開且明顯分別，有些則是黏合在一起。本書以簡單的果殼或硬質果皮來
　　　　稱之。

在水果裡，果實分類中的核果，外果皮、中果皮通常是我們食用的部分，內果皮構造堅硬呈硬核狀
與種子黏合一起，因此有時需破殼來幫助發芽，在此簡稱它為種皮。

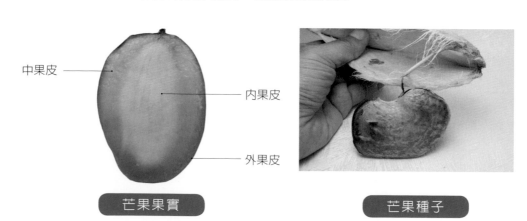

中果皮

內果皮

外果皮

芒果果實

芒果種子

果實的結構通常可分為果皮與種子，了解果實的果皮後，種子也有包覆的皮，稱之為種皮。它也有外種皮與內種皮之分。在本書若泡水沒明顯區分，皆稱之為種皮，若有明顯區分如蘋婆，就稱之為外種皮或內種皮。若種皮質地較硬質，就稱之為種皮。

蘋婆去除果皮後種子泡水，外種皮脫落，內種皮開裂。

* 至於裸子植物，我們所撿拾到的已經是種子了，所以處理的皮稱之為種皮。

竹柏的種皮有兩種樣貌，外種皮肉質，內種皮硬殼，所以稱它們為種皮與種殼做區分。

荔枝的可食部分為假種皮，是包覆種子的附屬物，本書皆稱之為果肉。

子葉、幼葉、本葉的基本認識

子葉：種子中幼胚所具有的葉片，是儲存初期養分之處，供幼苗成長。

本葉：植物葉子的原本型態，即平時所見成樹的葉片。

在小苗階段，子葉、初生本葉或本葉有時候會並存。子葉一旦無法供應養份給小苗時，自然就會脫落，在還未成樹前，有時初生（第一）本葉的成長會停留很多年，也會有很多層葉子。初生本葉一般稱幼葉，即是植物小苗時葉子的模樣。

子葉與本葉並存

咖啡
圓葉為子葉，尖葉為本葉。

馬拉巴栗
厚圓葉為子葉，
掌狀葉為本葉。

橄欖
兩對三出葉為子葉，尖葉為本葉。

子葉、初生本葉與本葉的轉換

示 範 植 物
水黃皮

示 範 植 物
楊梅（樹梅）

子葉

子葉

大部分為多子葉

肯氏南洋杉

約二年成長狀況
目前葉形屬心形單葉的初生
（第一）本葉。

發芽後約六週成長狀況
目前葉緣屬鋸齒深裂帶絨毛的
初生本葉（幼葉）。

被子植物

單子葉

銀海棗

雙子葉

成樹的本葉為一回奇數羽狀複
葉。

成樹的本葉是光滑無毛的倒卵
葉。

破布子

子葉出土型與不出土型的照顧

雙子葉植物發芽型態		
子葉出土型	子葉不出土型	
	子葉在表土上	子葉在表土下
軟毛柿	大葉山欖	肯氏蒲桃

子葉出土型的照顧方式

種子皆帶種皮，出土型種子需去除種皮以讓子葉順利展開。種皮型態多樣，有薄膜狀、硬皮、硬殼等，透過觀察與細心修剪，就能讓盆栽順利成長為賞心悅目的作品。

■帶薄翅種皮的種子

示範植物

黃花風鈴木

當子葉頂出表土時，會將土與麥飯石撐起，造成盆器內產生中空現象，這時可用手輕拍並用鑷子戳一戳，將麥飯石與土拍回盆器內，固定根系。

子葉在表土上後，盡量噴水在子葉上，軟化種皮，再用手將種皮輕輕剝除。

預計一週內可將種皮完全去除。

■帶硬種皮的小種子

台灣海桐

盡量將水噴在子葉上,軟化種皮。　噴水後,用手輕輕將種皮去除,無須勉強,慢慢脫落即可。　預計兩週內,可將種皮完全去除。

■帶硬種皮的大種子

蘭嶼羅漢松

子葉　　初生本葉

子葉若無隨種皮一起掉落時,可用剪刀將子葉與種皮一同去除。　大部分的種子,種皮會自行掉落,展現子葉與初生本葉的型態。　子葉為被白粉的針狀葉(僅兩片),初生本葉無被白粉,且葉子比子葉大,剪除子葉時,注意不要剪錯。

■帶硬殼種皮的較大種子

竹柏

子葉出土型的植物長到這階段,澆水時多澆在種皮上,以利脫殼。　當種皮不脫落時,可用雙手輕輕轉動種皮,將種皮輕輕拉出即可。　子葉與種皮會一起脫離。

PART1 事前基礎知識

35

■種皮需軟化才能順利去除而展葉的種子

示　範　植　物

咖啡

子葉出土型的植物在發芽成長過程中是非常療癒的，但當溫度低於 15 度以下時，植物會進入休眠狀態，不易去除種皮，可套袋保溫、保溼，早日去除種皮，方可防止子葉於種皮內時間過久而捲曲或腐爛。

當子葉出土後，需多在種皮上噴水，軟化種皮。

取比盆器略大的透明袋並先噴點水，接著套住盆栽，讓盆栽形成一個小溫室，可保溫、保溼，讓種皮軟化。透明袋若有水氣，則不需再澆水。

小苗陸續成長，可持續套袋，約 2 ～ 3 週後，大部分子葉都順利展開。

子葉不出土型的照顧方式

子葉在表土上的植物，是盆栽另外一種美的展現。子葉若無法提供養分給植株，就會萎縮、爛掉或長蟲，可直接去除或剪掉。

枇杷

芒果

子葉萎縮。

水黃皮

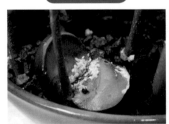

子葉長蟲。

子葉爛掉。

■子葉在表土下的植物

白柚

當本葉長出，子葉在麥飯石之下，澆水過溼容易造成子葉腐爛長蟲。

將盆器傾斜，慢慢把麥飯石倒出。

將麥飯石清除。

用剪刀將子葉全部修剪掉。

荔枝

整理完後，植株可不需再蓋麥飯石，以利通風，避免爛莖。

子葉不出土型的植物，種植一段時間後種子會因為沒有養分供給植株而萎縮，這時可用手輕輕扭轉種子將其移除。

8

植物異狀分析

水多狀況

▌ 植株通風不良，水太多時，葉子會由下往上變黃或變黑，必須減少水分與多晒太陽，保持通風
良好。

破布子

月橘

月桃

▌ 澆水太多，容易造成植株潰爛及爛根，莖若變黑要儘快移除，才不會影響其他植株。通風要好，
日照充足，才能讓小苗有長大的機會。

火龍果

南天竹

觀音棕竹

▌ 澆水不均勻的情況下，密植或多芽點的植物容易讓頂芽黑掉，造成乾枯現象，需整理修剪才有
重新生長的機會。

薜荔

枇杷

水少狀況

■ 缺水時，植株的葉緣或頂端葉子先乾枯，由上往下乾掉，可適度重新修剪使其成長。

拎壁龍

竹柏

掌葉蘋婆

■ 缺水或通風不良時，易造成頂端與葉柄下垂，甚至會有葉尾變黑的狀態，需適量補水。

小葉欖仁

檳榔

咖啡

■ 水太少造成植株太乾，莖呈乾扁狀，需適量補水。

馬拉巴栗

千年桐

■ 植物嚴重缺水時需立即補水，將盆器灌滿水，約 2～3 小時，植株就會慢慢直立，待植株恢復
生氣後，再將多餘的水倒出。

茄苳

緬梔

陽光的影響

▍**晒傷**：澆水後，須用手撥掉葉面上的水珠，可避免殘留水珠在陽光直射後導致葉面燒焦情形發生，產生日燒現象。

蘋婆

蛋黃果

千年桐

▍耐陰性植物，陽光太強，會導致葉子變黃，這是植物的黃化作用，調整盆栽位置，約兩週左右即可恢復綠葉。

咖啡

▍向陽性植物，光線不足造成黃葉、葉色不均勻或植株徒長，須多晒太陽。

梅

卡利撒

茄苳

▍向光性很強的植物，須適時將盆器轉換方向。

黃花風鈴木

紅楠

植物的睡眠運動，以豆科植物居多，葉子閉合的原因：
1. 晚上 2. 狂風吹或晃動它的時候 3. 白天嚴重缺水的時候

楊桃

羊蹄甲

羅望子

澆水後葉子重疊，晒太陽導致葉尖發黑。

阿勃勒

台灣赤楠

盆栽的病蟲害處理

感染紅蜘蛛時，葉子會無光澤且葉面有變白現象，紅蜘蛛以吸食葉子的葉綠素為主，葉子一旦無法行光合作用植株將會死亡。紅蜘蛛怕溼，建議修剪與泡盆，清洗葉子後，用酒精擦拭葉子，降低再度感染的機會。

卡利撒

台灣海桐

阿勃勒

潛蠅（潛葉蟲）入侵時，會讓葉子沒有光澤，須修剪葉片。

蘋果

空氣中溼度太高，容易有白粉病產生，葉子可用乾布擦去白粉，再用 75% 酒精擦拭消毒，儘量將盆栽放在通風乾燥處。

麵包樹

▌空氣中溼度高時，容易感染介殼蟲，發現時要儘快處理，可用
▌夾子或衛生紙去除，再用酒精擦拭消毒。

大葉山欖

水黃皮

銀杏

▌植株長蚜蟲，要留意附近是否有螞蟻出入，葉片可用水洗方式
▌清除蚜蟲或將葉片摘除讓其重新生長。

蘭嶼羅漢松

枇杷

▌水耕容易造成葉片細菌感染現象，必須定期換水、清洗植株、
▌修剪葉片，減緩病菌擴散。

蜘蛛蘭

藍棕櫚

季節變換的影響

每年冬季，落葉型植物就會因冷風過境，葉綠素被破壞後產生黃葉或紅葉，葉子無法行光合作用即落葉；若無落葉，來年要長新葉前，植栽的莖同時也木質化，就可強迫落葉（適度修剪），促進新陳代謝，新葉會長的更好。

鳳凰木

藍花楹

板栗

植株底下的黃葉是因季節變化或新陳代謝換葉的關係，修剪即可。

林投

酪梨

海檬果

照顧小叮嚀

■ 種植過密通風不良，致使植株體質不佳，自然夭折，請捨棄。

茄苳

蘭嶼羅漢松

柚

■ 大部分種子已發芽後，要檢查盆栽裡有無種子未發芽或幼株因水多而死亡，需儘快夾除捨棄以避免腐爛，因為腐植質易造成昆蟲入侵而讓盆栽長蟲，影響其他植株。

印度辣木

鳳凰木

酒瓶蘭

種子的特殊狀況

▌多芽植物的種仁養分分散，因此成長較慢，可靜靜等待或去除
多芽只留一個芽成長。

蛋黃果

綴化成長的植物少見，因芽點較多，酪梨相對
成長速度較緩慢。

棋盤腳

植物在小苗成長過程中，經常有變異葉白子現象，但因葉綠素不足無法行光合作用，存活機率並不高，會提早凋萎

柚

厚葉石斑木

銀葉樹

簡單易懂
的種植法

洋落葵
Anredera cordifolia

Data /

科　名：落葵科

別　名：川七、雲南白藥

繁殖部位：珠芽（零餘子）

熟果季 □春 □夏 ☑秋 ☑冬

適合種植方式 ☑土耕 ☑水耕

照顧難易度 ★☆☆☆☆

日照強度 ★☆☆☆☆

Note /

1. 洋落葵的葉子可食用，倘若是要種來食用，建議種植成長期間須每天陽光照射超過 4 小時以上，以防硝酸鹽代謝不良之顧慮。若為室內觀賞植物，則不需陽光。

2. 無性繁殖又稱營養體繁殖法，利用植物的根、莖、葉、花梗的芽體來形成一個新個體，繁殖後代的方法。

植物簡介

藤本植物。

葉為單葉互生。

莖略呈肉質，分枝多且具蔓延性；在老莖的葉腋處會長出瘤塊狀肉芽，稱為珠芽或零餘子，果實為漿果。

花白色，穗狀或總狀花序，雌雄同株。

盆栽輕鬆種

1 將洋落葵的珠芽（零餘子）清洗乾淨。

2 盆器內放入滿盆的介質，介質為土、水苔或麥飯石均可。介質若為麥飯石，水約麥飯石的七分滿，將珠芽放在介質之上，每兩天在珠芽部位噴水一次即可。

3 約十天成長狀況。

介質
麥飯石
約三個月成
長狀況。

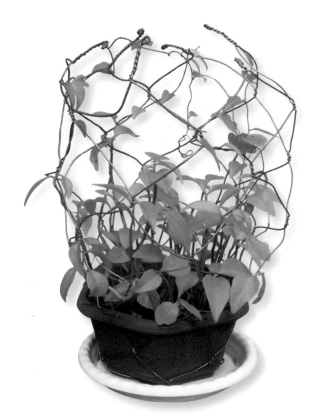

介質
泥炭土
約二個月成
長狀況。

甘藷
Ipomoea batatas

Data /

科　名：旋花科	
別　名：番薯、地瓜、紅薯	
繁殖部位：塊根	
適植季 □春 □夏 □秋 ☑冬	
適合種植方式 ☑土耕 ☑水耕	
照顧難易度 ★☆☆☆☆	
日照強度 ★☆☆☆☆	

無性繁殖

植物簡介

多年生藤本。

單葉互生。莖平臥或上升，偶有纏繞，多分枝，莖節易生不定根。

花淡紫色，聚繖花序，雌雄同株；果實為蒴果。

盆栽輕鬆種

1 將甘藷的塊根清洗乾淨。

2 盆器內放入滿盆的介質，介質為土、水、水苔或麥飯石均可，將塊根放在介質之上。
介質若為麥飯石，水約麥飯石的七分滿即可；介質若為水，將塊根卡在盆器上，勿將塊根浸泡於水中（距離水面約 1 公分），以防爛根導致發臭，夏天每週換水一次，冬天兩週換水一次。

3 每兩天在塊根部位噴水一次即可。

4 約十天成長狀況。

介質
水
約三週成長
狀況。

介質
麥飯石
約三週成長
狀況。

洋蔥
Allium cepa

Data /

科　名：	石蒜科
別　名：	蔥頭、日本蔥頭
繁殖部位：	鱗莖
適植季	☑春 ☑夏 ☑秋 ☑冬
適合種植方式	☑土耕 ☑水耕
照顧難易度	★☆☆☆☆
日照強度	★☆☆☆☆

洋蔥放置久了，若發芽即可拿來種植。

植物簡介

草本植物，花白色，繖形花序，雌雄同株，葉為管狀葉。

莖為鱗片狀組成，粗大，近球狀或扁球狀；鱗莖外皮淡褐紅色或紫紅色，果實為蒴果。

1 將淡褐紅色或紫紅色的外皮去除洗淨，若果皮完整，可保留欣賞。

2 盆器內放入滿盆的介質，介質為土、水、水苔或麥飯石均可，將鱗莖放在介質之上。
介質若為麥飯石，水約麥飯石的七分滿即可。

3 介質若為水，用添加的方式，鱗莖盡量不要碰到水比較不容易爛，夏天每週換水一次，冬天兩週換水一次。

4 約十天成長狀況。

5 約三週成長狀況。

6 約四週成長狀況。

無性繁殖

胡蘿蔔
Daucus carota

Data /

科　名：繖形科

別　名：紅蘿蔔、紅菜頭

繁殖部位：短縮莖

熟果季　☑春　□夏　□秋　☑冬

適合種植方式　☑土耕　☑水耕

照顧難易度　★☆☆☆☆

日照強度　★☆☆☆☆

植物簡介

二生年草本。

葉為三回羽狀裂葉。莖單生直立，表面有白色
粗硬毛。

花為白色或淡紅色，
複繖形花序，雌雄
同株；果實為離果。

盆栽輕鬆種

1

將有葉芽的短縮
莖部分切下洗
淨，其他部位仍
可食用。

2

盆器內放入滿盆
的介質，介質為
土、水、水苔或
麥飯石均可，水
約 盆 器 的 七 分
滿，將短縮莖放
在介質之上，在
嫩葉上每兩天噴
水一次即可。

3

葉子會慢慢往上
成長，約三天葉
子就會變綠。

4

約十天成長狀
況。

59

鳳梨

Ananas comosus

Data /

科　名：鳳梨科

別　名：菠蘿、王梨

商品名：旺萊、黃萊

繁殖部位：冠芽、裔芽、吸芽、

葉芽

熟果季　☑春　☑夏　☑秋　☑冬

適合種植方式　☑土耕　☑水耕

照顧難易度　★☆☆☆☆

日照強度　★☆☆☆☆

植物簡介

多年生草本。

葉為劍狀呈螺旋狀排列，莖短呈褐色，表面有白粉。

花紫色，總狀花序，雌雄同株。　果實為複果；此為未熟果。　近熟果。

多芽鳳梨，因
綴化而產生多
芽現象。

盆栽輕鬆種

1 挑選葉芽完整美觀的食用鳳梨或觀賞
用鳳梨，頂芽都可使用。

2 將有葉芽的部分切下。

3 剝除基部約 4～5 片的葉子，露出一小截 的莖。

4 盆器內水的高度約與葉芽基部相當。

5 約一週左右長根。長根後的葉芽，其介質可 改為土、水苔或麥飯石，將葉芽的根埋入介 質裡，約淺埋 1 公分即可。介質若為麥飯 石，水約麥飯石的七分滿即可。

6 介質若為水，長根後只要根部碰到水就好， 避免爛莖發臭。夏天每週換水一次，冬天兩 週換水一次。

7 約二個月成 長狀況。

8 約四個月成 長狀況。

孔雀薑
Kaempferia pulchra

Data /

科　名	薑科
別　名	美葉山奈、紫花山奈、紫花山薑
繁殖部位	塊莖
熟果季	☑春 □夏 □秋 □冬
適合種植方式	☑土耕 □水耕
照顧難易度	★☆☆☆☆
日照強度	★★★★★

無性繁殖

植物簡介

宿根性草本。花為淡紫色或紫色，穗狀花序。葉為根出葉，叢生。無地上莖，果實為蒴果。

冬天時薑科植物會休眠，葉子枯萎。每年一月分，從盆器裡把將塊莖挖出，陰乾保持乾燥。

63

1 每年驚蟄過後,用有洞盆器,內放九分滿的土,將塊莖放在土上,覆上薄土或麥飯石,每兩天噴水一次,需晒太陽,才能讓葉片的紋路明顯。

2 定植後約三週發芽。

3 約四週成長狀況。

4 約二個月成長狀況。

5 約三個月成長狀況。

6 約五個月成長狀況。每年約七月開始,天天都會開紫色或淡紫色花朵,花朵壽命僅一天。

PART2

簡單易懂的種植法

7 約六個月成長狀況。

陽光不足，會造成紋路
不明顯。

每年冬季第一道寒流來襲時，葉子會全部枯掉，此時停止澆水，讓整個盆栽乾掉，葉子若沒
枯掉也要全部剪掉，避免停止澆水後，葉子把土裡塊莖吸收過度而縮小，每年的一月再把塊
莖挖出陰乾，等待驚蟄後種植。

Point

薑科植物忌連作，每年均須重新更換新土，原來土壤需
加新土與肥料拌勻，勿用原有土壤直接種植，避免養分
不足，植栽發育不良。

玉米

Zea mays

Data /

科　名	禾本科
別　名	番麥、玉蜀黍
催芽方法	直接種植法
發芽時間	約 3 天
種子保存方法	果實晒乾後，常溫保存即可。
適植季	☑春　☑夏　☑秋　☑冬
適合種植方式	☑土耕　□水耕
照顧難易度	★☆☆☆☆
日照強度	★★★★★

植物簡介

一年生草本。

葉為單葉互生，莖直立呈圓筒形，通常不具分枝。

雌雄同株異花，頂端為雄花，雌花在葉腋。

雄花為圓錐花序

雌花為穗狀花序，花柱為黃色是紫玉米品種，
花柱為紫色是甜玉米品種。

果實為穎果，當玉米鬚顏色變深時，即為熟果。

熟果
將玉米的苞葉往上拉開，需晒乾才能種植。

1 將苞葉平均撕為兩片，尖端修掉。

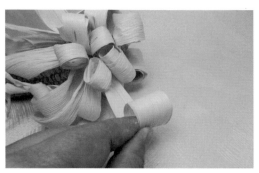

2 用手或原子筆將苞葉由外往內捲。

3 接著以釘書機由底部固定。

4 完成模樣。

5 盆器放入九分滿的
土，土面先噴微溼，
接著將整株玉米斜
放於土裡，兩天噴
水一次，約三天發
芽。

6 約七天成長狀況。

7 約十天成長狀況。

8 約三週成長狀況。

番石榴
Psidium guajava

Data /

科　名	桃金孃科
別　名	芭樂、那拔仔、菝仔
催芽方法	直接種植法
發芽時間	約 7 ～ 14 天
種子保存方法	果實去除果皮與果肉，種子陰乾後放入冰箱冷藏。
熟果季	☑春　☑夏　☑秋　☑冬
適合種植方式	☑土耕　☐水耕
照顧難易度	★★★★☆
日照強度	★★★★★

植物簡介

灌木或小喬木。

花白色，單頂或聚繖花序，雌雄同株。

葉為單葉對生

樹幹圓形狀多彎曲，分枝多，樹皮淡紅褐色，易脫落呈光滑狀。

果實為漿果，未熟果。

熟果。

盆栽輕鬆種

熟果
果實為淡綠色帶果肉。

1 果實很硬時，將它切為塊狀裝在袋子裡，於袋內噴少許水後晒太陽，讓它變得軟爛再搓洗。

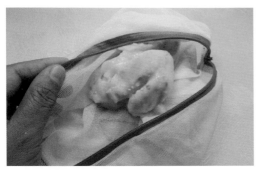

2 　將軟爛的番石榴放入單層細網袋中，在水中
輕輕搓揉，直到種子洗淨為止。

3 　將種子倒入水裡，利用浮力將多餘的果肉去
除乾淨，請捨棄浮在水面的種子。之後將清
洗乾淨的種子約略陰乾三十分鐘後準備種
植。

4 　去除果皮、果肉後，米白色種子數顆。

5 　盆器放入九分滿的土，土面先噴微溼，再將
種子平放於土上。

6 　蓋上少許麥飯石後，用手指略為按壓，讓種
子與麥飯石密合，接著澆水澆透，之後兩天
澆水一次即可，需晒太陽幫助發芽。

7 　約七天發芽，子葉出土型。

8 約三週成長狀況。

9 約八週成長狀況。

10 約六個月成長狀況。番石榴在室內的鑑賞期約二個月，建議用有洞花器栽種，放室外通風處才可順利成長。

NG

光線不夠情況下，植株易有徒長現象。

水分太多易造成植株變黑爛掉，要儘快移除以免細菌感染。

台灣海桐
Pittosporum pentandrum

Data /

科　名	海桐科
別　名	七里香、十里香
催芽方法	直接種植法
發芽時間	約 4 週
種子保存方法	果實去除果皮與黏液，種子陰乾後放入冰箱冷藏。
熟果季	☑春　□夏　□秋　☑冬
適合種植方式	☑土耕　□水耕
照顧難易度	★★★★☆
日照強度	★★★★★

植物簡介

葉為單葉互生。

常綠灌木或小喬木。

花白色，圓錐花序，雌雄同株。

樹皮灰白色或綠灰色，具明顯皮孔。

果實為蒴果，未熟果。

近熟果。

盆栽輕鬆種

熟果
果實為黃色，果殼開裂，種子具黏性。

1 用夾子夾出油膩的種子，放入塑膠袋中。

2 倒入一些食用油。

3 袋口扭緊，用手搓揉種子，讓食用油分解黏液。

4 感覺種子已經不再黏住塑膠袋時，將塑膠袋打開，可發現種子呈現粒粒分明的狀態，再加入少許洗碗精。

5 將袋口再度扭緊搓揉後，在袋中加滿水，再次搓揉即可洗淨。

6 種子倒入網篩後，若還覺得油膩，可用洗碗精再次清洗至乾淨，清洗後大約陰乾三十分鐘即可準備種植。

7 盆器放入九分滿的土，土表先噴微溼，接著將種子平放於土上。

8 蓋上少許麥飯石後，用手指略為按壓，讓種子與麥飯石密合，澆水澆透，之後兩天澆水一次即可。

9 約十天成長狀況。

10 約二十天成長狀況。

11 用手輕輕剝除種皮。

12 約三個月成長狀況。

13 約一年成長狀況。

相似植物比較

	台灣海桐	海桐	蘭嶼海桐
果實			
種子			
種子盆栽			
催芽方法	直接種植法		

黃花風鈴木
Handroanthus chrysotrichus
（*Tabebuia chrysantha*）

Data /

科　名：紫葳科

別　名：黃金風鈴木、

巴西風鈴木、伊蓓樹

催芽方法：直接種植法

發芽時間：約 7 天

種子保存方法：果實去除果莢後，

種子常溫可保存約二個月。

熟果季　☑春　□夏　□秋　□冬

適合種植方式　☑土耕　□水耕

照顧難易度　★★★★☆

日照強度　★★★★★

直接種植法

花鮮黃色，叢生或頭狀
花序，雌雄同株。

葉為掌狀複葉。

樹幹略通直,具多數分枝,樹皮灰褐色有深刻裂紋。

頭狀花序。

果實為蒴果,未熟果。

熟果。

熟果
果莢為黑色裂開狀態。

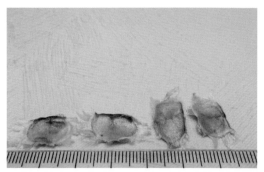

1 去除果莢後，裡面種子為薄片狀帶翅。

2 盆器放入九分滿的土，土表先噴微溼，再將種子平放於土上。

3 蓋上少許麥飯石後，用手指略為按壓一下，讓種子與麥飯石密合，澆水澆透，之後兩天澆水一次，需晒太陽幫助發芽。

4 約十天成長狀況。

5 子葉出土型植物發芽時會將土壤與麥飯石頂起來，可用手輕拍盆器讓麥飯石落下，以利再鋪蓋其他未發芽種子。

直接種植法

81

6 用夾子將脫落的種皮夾掉。

7 約二週成長狀況，本葉已經開始成長。

8 約四週成長狀況。

9 約五個月成長狀況。

10 約八個月成長狀況。

NG

植株體質不良變黑。

晒傷。

植株有向光性。

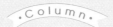

相似植物比較

	黃花風鈴木	風鈴木	毛風鈴木	洋紅風鈴木
花				
果實				
種子				
種子盆栽				
催芽方法	直接種植法			

直接種植法

火龍果

Hylocereus undatus （白肉）
Hylocereus polyrhizus （紅肉）

Data /

科　名	仙人掌科
別　名	紅龍果、仙蜜果
催芽方法	直接種植法
發芽時間	約3天
種子保存方法	果實去除果皮、果肉，種子陰乾後，放冰箱冷藏。
熟果季	□春 ☑夏 ☑秋 □冬
適合種植方式	☑土耕 □水耕
照顧難易度	★☆☆☆☆
日照強度	★★★★★

植物簡介

多年生攀緣肉質藤本。

葉子退化為針狀。

花白色，單頂花序，雌雄同株，晚上開花。

花苞。

莖為深綠色，粗狀，具三稜呈三角柱狀。

果實為漿果，熟果。

直接種植

熟果
果實為紅色，紅、白色果肉均可。

1 將火龍果放入單層、密度較高的網袋中，在水中輕輕搓揉，直到種子洗淨為止。

2 約 10～15 分鐘可初步清洗乾淨一顆果實。

3 將種子倒入水裡，利用浮力將多餘的果肉去除乾淨，請捨棄浮在水面的種子。

4 去除果皮、果肉後，黑色種子數顆。

5 盆器放入九分滿的土，土面先噴微溼。

6 將種子平放於土上，不須覆蓋麥飯石。

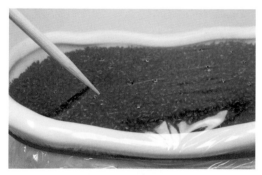

7 蓋上保鮮膜後用牙籤搓洞透氣，若保鮮膜內有水氣，就不需要澆水。需晒太陽幫助發芽，降低徒長風險。

8 約三天發芽，子葉出土型，種植後約二～
三週左右，保鮮膜會被撐高，此階段就可
以拆保鮮膜了。

9 約三週成長狀況。

10 約二個月成長狀況。

11 約三個月成長狀況。當本葉開始成長時，
水少、陽光充足才會長得好。澆水頻率
為夏天一週澆水一次，冬天則兩週澆水
一次。

12 約六個月成長狀況。

NG

水太多狀況。

13 約二年成長狀況。

卡利撒

Carissa grandiflora

Data /

科　名	夾竹桃科
商品名	美國櫻桃
催芽方法	直接種植法
發芽時間	約 10 天
種子保存方法	果實去除果皮、果肉，種子陰乾後，放冰箱冷藏。
有毒部位	全株
熟果季	□春 ☑夏 ☑秋 ☑冬
適合種植方式	☑土耕 □水耕
照顧難易度	★☆☆☆☆
日照強度	★★★☆☆

植物簡介

常綠灌木。

葉為單葉對生。

分為有刺與無刺品種。

老莖灰褐色有縱向淺疤狀，表面粗糙。

花白色，聚繖花序，雌雄同株。

果實為漿果。未熟果為綠色，果皮帶點紅色為近熟果。

熟果。

盆栽輕鬆種

熟果
果實為紅色帶果肉。

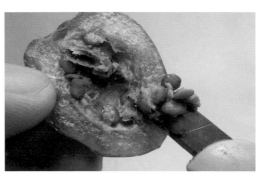

1 用刀片或鑷子將種子取出來。

2 放在紗網上，將細微果肉洗淨。

3 淺咖啡色種子數顆，約略陰乾三十分鐘後，
準備種植。

4 盆器放入九分滿的土，土面先噴微溼，種子
平放於土上，蓋上少許麥飯石後，用手指稍
微按壓，讓種子與麥飯石密合，澆水澆透，
之後兩天澆水一次即可。

5 約七天發芽，子葉出土型。

6 約三週成長狀況。

7 約七週成長狀況。

8 約八週成長狀況。

9 約三個月成長狀況。

10 約八個月成長狀況。

NG

水太多。

感染紅蜘蛛。

光線太強,造成黃化現象。

相似植物比較

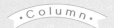

	卡利撒（美國櫻桃）	小卡利撒（彩虹櫻桃）
果實		
種子		
種子盆栽		
催芽方法	直接種植法	

薜荔
Ficus pumila

Data /

科　名：桑科

別　名：木蓮、石壁蓮

催芽方法：直接種植法

發芽時間：約 1 ～ 2 週

種子保存方法：果實去除果皮、
果膠，種子陰乾後放入冰箱冷藏。

熟果季　□春　□夏　☑秋　☑冬

適合種植方式　☑土耕　☑水耕

照顧難易度　★☆☆☆☆

日照強度　★☆☆☆☆

直接種植

常綠攀緣木質藤本，單葉互生。

嫩葉呈紅色。

莖為紅褐色，多分枝。

花為黃白色，隱頭花序，雌雄異株。

雌果，果實末端有斑點，且果實較圓。

雄果，果實的果形較長。

熟果（雌果），為隱花果。

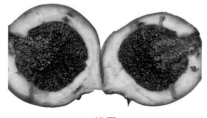

雄果

雌果

盆栽輕鬆種

熟果
果實為紫色，開裂的圓果。

1 將薜荔種子挖出後放入細網篩或網袋，在水
龍頭底下輕輕搓洗，直到果膠洗淨為止。

直
接
種
植
法

2 將種子倒入水裡，果肉與種子分離乾淨，請
捨棄浮在水面的種子。

3 去除果皮、果膠後，米白色種子數顆。

4 盆器放入九分滿的土，土面先噴微溼，再將
種子平均灑在土上。

5 蓋上少許麥飯石後，用手指略為按壓，讓種
子與麥飯石密合，澆水澆透，之後兩天澆水
一次即可。

6 　約七天發芽，子葉出土型。

7 　約十天成長狀況。

8 　約三週成長狀況。

9 　約二個月成長狀況。

10 　約三個月成長狀況。

NG

噴水不均勻，造成乾枯現象。

相似植物比較

	薜荔	愛玉
果實		
種子		
種子 盆栽		
催芽 方法	直接種植法	

直接種植法

97

光蠟樹
Fraxinus formosana

Data /

科　名	木犀科
別　名	白雞油樹、台灣白蠟樹
催芽方法	直接種植法
發芽時間	約 1～2 週
種子保存方法	果實陰乾後，常溫保存即可。
熟果季	□春　□夏　☑秋　☑冬
適合種植方式	☑土耕　□水耕
照顧難易度	★☆☆☆☆
日照強度	★★★★★

植物簡介

花為米色。

圓錐花序，雌雄同株。

半落葉中喬木。

葉為羽狀複葉。

樹皮灰紅褐色或灰綠色，片狀剝落，樹幹上留
有剝落痕跡。

果實為翅果，幼果。

未熟果。

熟果。

沙漠玫瑰

Adenium obesum

Data /

科　名	夾竹桃科
別　名	矮性雞蛋花
催芽方法	直接種植法
發芽時間	約 2 週
種子保存方法	去除果莢與米色冠毛，種子常溫保存即可。
有毒部位	全株、乳汁尤甚
熟果季	□春　□夏　☑秋　☑冬
適合種植方式	☑土耕　□水耕
照顧難易度	★☆☆☆☆
日照強度	★★★★★

植物簡介

落葉灌木，葉為單葉互生。

莖肉質粗壯，基部肥大，表面光滑。

具多種花色，雌雄同
株，花瓣單瓣、複瓣、
重瓣均有。

花授粉後，幼果模樣。

果實為蓇葖果，未熟果呈綠色。

熟果呈咖啡色，果實單邊開裂。

熟果
果莢裂開，種子帶米白色冠毛。

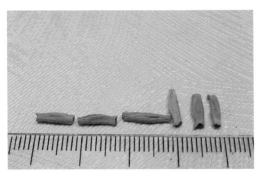

1 去除果莢與冠毛後，種子為米白色。

2 盆器放入九分滿的土，接著將種子平放於土上。

3 蓋上少許麥飯石後用手指略微按壓，讓種子與麥飯石密合，澆水澆透，之後兩天澆水一次即可。需曬太陽幫助發芽，降低徒長風險。

4 約二週發芽，子葉出土型。

5 用手輕輕地剝除種皮。

6 約六週成長狀況。成長至此階段後，水少、陽光充足才會長得好。

7 約三個月成長狀況。

9 分株後約一年的成長狀況。

8 分株後約八個月成長狀況。

NG

水分過多，葉子從基部往上逐漸變黃。

紅刺露兜樹
Pandanus utilis

Data /

科　名	露兜樹科
別　名	紅刺林投、紅章魚樹
催芽方法	直接種植法
發芽時間	約 8 ～ 10 個月
熟果季	□春 □夏 ☑秋 ☑冬
適合種植方式	☑土耕 ☑水耕
種子保存	□可 ☑不可 即播型種子
照顧難易度	★★☆☆☆
日照強度	★★★★★

植物簡介

葉緣有紅邊，葉緣與葉背中肋有鋸齒。

常綠喬木，葉呈螺旋著生。

莖紅褐色具輪狀葉痕，主幹底部有粗大的支撐根。

雄花呈繖形狀著生。

花白色，雌雄異株，雌花為穗狀花序。

果實為複果，此為近熟果。

熟果。

熟果
果實為自然落果，撿拾的種子若為綠黃色，一週後會轉為橘白色，再轉為咖啡白。

1 種子為咖啡白兩色，白色部分為芽點。

2 種子風乾七天後，盆器放入九分滿的土，接著將白色芽點朝下埋入土裡種植，澆水兩三圈，之後兩天澆水一次即可，需晒太陽幫助發芽。

3 約八個月發芽。

POINT

4 約十個月成長狀況。

種子風乾後，也可先用環保容器土耕。蓋上蓋子，晒太陽幫助發芽，待根莖長出後移盆。

PART 2 | 簡單易懂的種植法

5 約一年成長狀況。

6 約二年成長狀況。

全日照時，植株較容易
有全紅狀況產生。

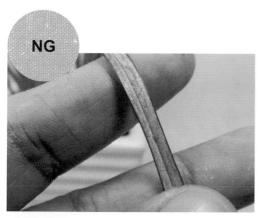

NG

感染紅蜘蛛。

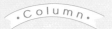

相似植物比較

PART2 簡單易懂的種植法

	紅刺露兜樹（紅刺林投）	林投
果實		
種子		
種子盆栽		
催芽方法	直接種植法	泡水催芽法（種植方法參考 P.142）

緬梔

Plumeria rubra

Data /

科　名	夾竹桃科
別　名	鹿角樹
商品名	雞蛋花
催芽方法	直接種植法
發芽時間	約 1 ～ 2 週
種子保存方法	常溫保存
有毒部位	白色乳汁有毒
熟果季	□春 ☑夏 ☑秋 □冬
適合種植方式	☑土耕 □水耕
照顧難易度	★☆☆☆☆
日照強度	★★★★★

直接種植法

植物簡介

落葉喬木。

落葉狀態。

葉為單葉互生。

桃紅色花結果率較高，黃色花心結果較為少見。

花色多，聚繖花序，雌雄同株。

果實為蓇葖果。未熟果。

樹皮呈灰褐綠色，枝條粗壯帶肉質，具皮孔。

近熟果。

熟果。

盆栽輕鬆種

熟果
果莢呈黑色，且完全開裂。

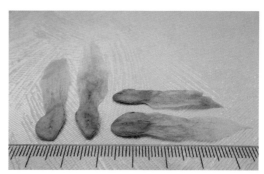

1 果實裡有帶翅種子數顆，尖端為芽點。

2 盆器放入九分滿的土，種子芽點朝下排列於土上。

3 種子與種子間以麥飯石固定，澆水澆透，之後兩天澆水一次。需晒太陽幫助發芽，降低徒長風險。

直接種植法

113

4 約七天發芽，子葉出土型。

5 約十天成長狀況，為向光性強的植物。

6 約二週成長狀況。

7 約三週成長狀況。

8 約二個月成長狀況。

9 約四個月成長狀況。

10 約六個月成長狀況。

NG

水多造成黃葉，須多晒太陽。

嚴重缺水。

季節性落葉。

拎壁龍
Psychotria serpens

Data /

科　名	茜草科
別　名	風不動、蜈蚣藤
催芽方法	直接種植法
發芽時間	約 1～2 週
種子保存方法	果實去除果皮與果肉，種子陰乾後放入冰箱冷藏。
熟果季	☑春　□夏　□秋　☑冬
適合種植方式	☑土耕　□水耕
照顧難易度	★☆☆☆☆
日照強度	★☆☆☆☆

植物簡介

葉為單葉對生，植株準備開花結果時，會離開攀附物體向外生長。

灌木藤本。

花為綠白色，聚繖花序，雌雄同株。

新莖綠色具絨毛，莖下側具不定根藉以攀緣。

果實為漿果，未熟果。

熟果。

盆栽輕鬆種

熟果
果實為白色帶果肉。

1 果實可放入網篩或直接放入塑膠袋中，壓出種子。

2 將按壓過的果實放入水中，撈除浮在水面上的果皮與不良種子。

3 種子清洗乾淨後，約略陰乾 30 分鐘，準備種植。

4 去除果肉、果皮，種子為黑色。

5 盆器放入九分滿的土，土面先噴微溼，將種子平放於土上。

6 蓋上少許麥飯石後用手指略微按壓，讓種子與麥飯石密合，澆水澆透，之後兩天澆水一次即可。

7 約七天發芽，子葉出土型。

118

8 約二週成長狀況。

9 約三週成長狀況。

10 約二個月成長狀況。

11 約三個月成長狀況,葉子
非常厚實。將核桃放置葉
片上依然聞風不動。

約三個月成長狀況。

約四個月成長狀況。

約四個月成長狀況。

約一年成長狀況。

NG

缺水時，葉子由上往下乾枯。

茄苳
Bischofia javanica

Data /

科　名：葉下珠科（大戟科）

別　名：重陽木

催芽方法：直接種植法

發芽時間：約 7 天

種子保存方法：果實去除果皮與
果肉，種子陰乾後放入冰箱冷藏。

熟果季　□春　□夏　☑秋　☑冬

適合種植方式　☑土耕　□水耕

照顧難易度　★☆☆☆☆

日照強度　★★★★★

直接種植法

植物簡介

常綠或半落葉大喬木。

花為淡黃綠色，圓錐花序，雌雄
異株，此為雄花。

121

雌花。

葉為三出複葉。

冬天冷風過境，葉綠素被破壞而產生紅葉狀態。

樹幹粗糙不平，老樹樹幹會有瘤狀突起，層狀剝落。

果實為核果，幼果。

未熟果。

熟果。

盆栽輕鬆種

熟果
果梗由綠轉為咖啡色，果實變軟轉為土黃色。

1 將果實放入細網袋中，在水中輕輕搓揉，直到種子洗淨為止，此時種子還帶著一層薄薄透明的種皮，請先陰乾一天。

2 將陰乾後帶種皮的種子放進塑膠袋裡搖一搖，種皮就會自然脫落。

3 去除果皮、果肉、種皮後，種子為咖啡色。

4 盆器放入九分滿的土，土表先稍微噴溼，再將種子平放於土上。

5 蓋上少許麥飯石後，用手指略微按壓，讓種子與麥飯石密合，澆水澆透，之後兩天澆水一次即可，需晒太陽幫助發芽。

6 約一週發芽，子葉出土型。

7 約三週成長狀況。

8 約四週成長狀況。

9 約二個月成長狀況。

10 約三個月成長狀況。

11 約四個月成長狀況。

直接種植法

NG

植株體質不良。

光線不足。

嚴重缺水。

葉片晒傷。

光線不足，徒長現象。

楓香
Liquidambar formosana

Data /

科　名：楓香科

別　名：楓樹、雞爪楓、香楓

催芽方法：直接種植法

發芽時間：約 1 ～ 2 週

種子保存方法：勿將種子取出，
連帶果實陰乾後常溫保存即可。

熟果季　□春　□夏　☑秋　☑冬

適合種植方式　☑土耕　□水耕

照顧難易度　★★★★★

日照強度　★★☆☆☆

植物簡介

落葉喬木。

冬天溫度差異，造成葉子的色變。

冬天落葉模樣。每年冬季，落葉型植物就會因冷風過境而有黃葉或紅葉產生，葉綠素被破壞後無法行光合作用即會落葉。

成熟樹幹粗糙具明顯縱向溝裂，樹脂有特殊芳香。

葉為單葉互生，掌狀三裂。

花為淡紅黃色，頭狀花序，雌雄同株異花（左雌花、右雄花）。

果實為蒴果，此為未熟果。

熟果。

連日下雨，種子在果殼裡發芽的狀態。

熟果
果實呈黑色。

1 將果實放進塑膠袋裡用力搖晃,成熟種子自
然會掉落於袋裡。

2 挑選飽滿的種子。

3 種子為薄片狀帶翅。

4 盆器放入九分滿的土,土面先噴微溼,接著
種子平放於土上。

5 蓋上少許麥飯石後,用手指略微按壓,讓種
子與麥飯石密合,澆水澆透,之後兩天澆水
一次即可。

6 約七天發芽，第十天成長狀況，子葉出土型。

7 約二週成長狀況。

8 約三週成長狀況。

9 約二個月成長狀況。

10 約三個月成長狀況。

11 約一年成長狀況。

NG

水太多。

相似植物比較

	青楓	三角楓	楓香
葉子	葉對生	葉背白	葉互生
果實			
種子盆栽			
催芽方法	泡水催芽法		直接種植法

130

楓心項鍊

·工具·

花剪、平口鉗、平頭扁銼刀、尖頭
圓銼刀、尖嘴鑷子、鑽子、圓嘴鉗、
尖嘴鉗、打火機、小直剪刀、小彎
剪刀、橡皮擦、絕緣膠帶

·材料·

楓香果實2個、孔雀豆種子1個、
1.5mm蠟線（長50cm）*1條、1.5mm
鋁線（長3cm）*2條、項鍊兩端夾
線扣頭1個、9mm羊眼釘1個、
5mmC形圈1個

131

1　楓香果實從果梗的一側用
　　花剪對半剪。（果實儘量
　　挑選較大且大小相近）

2　留存較大的一邊操作，另
　　一邊捨棄。

3　先用花剪剪除刺手的銳刺

4　選一個洞，將鑷子穿插過
　　軸心後，左右扭轉讓較硬
　　的果皮鬆脫。

5　經過扭轉後，較硬的果皮
　　即可輕鬆夾除。

6　之後用鑷子靠著每個洞口
　　邊緣輕刮一圈，再清除其
　　餘的果皮。重複動作直至
　　所有洞口內殘留的果皮清
　　除乾淨。

 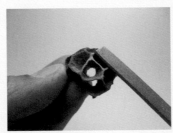 

7　完成基本的清除後，用尖
　　頭圓銼刀將每個洞口打磨
　　至平滑。

8　接著用平口扁銼刀將外表
　　面打磨圓順。

9　不平整的邊側，用小直剪
　　刀將多餘的硬邊修平整。

10 內側用小彎剪刀修剪掉
一圈硬邊，方便讓尖頭
圓銼刀將內側銼平整。

11 將兩個處理完畢的半邊
果實合在一起，有時大
小會有些微差距，可用
小直剪刀稍作修剪。

12 合在一起的果實會有一
側具大開口，可放入孔
雀豆，若開口太小可修
剪掉一些硬殼。

13 下端果實交合處，將 3cm
鋁線對折後，由內往外穿
出後再反折固定。

14 上端則是將已鑽上羊眼
釘的孔雀豆穿入 U 形鋁
線後，再由內往外交叉
後反折固定。

15 打開 C 形圈穿過鋁線後
再用尖嘴鉗夾合起來。

  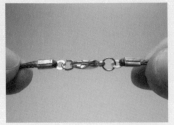

16 蠟線頭尾用打火機略燒
一下，讓線頭收縮黏
合。

17 蠟線穿過C形圈後，頭
尾扣入項鍊夾線扣頭，
再用尖嘴鉗夾緊。

18 夾合扣頭時，注意開合
勾勾的方向，視個人左
右方向習慣來作固定。

19 繁瑣的步驟，是為了看到賞心悅目的完成品。喜歡嗎，快動手做一個吧！

藍花楹
Jacaranda acutifolia

Data /

科　名：紫葳科

別　名：巴西紫葳、非洲紫葳

繁殖部位：直接種植法

發芽時間：約 7 天

種子保存方法：勿將種子取出，
連帶果殼陰乾後常溫保存即可。

熟果季　☑春　☐夏　☐秋　☑冬

適合種植方式　☑土耕　☐水耕

照顧難易度　★★★★★

日照強度　★★★★★

直接種植法

植物簡介

落葉喬木。

秋天葉子變黃、落葉。

135

葉為二回羽狀複葉。

樹皮灰褐色，老樹幹粗糙，
表皮有明顯縱向龜裂。

花為藍紫色，
圓 錐 花 序，
雌雄同株。

果實為蒴果，未熟果。

熟果。

熟果
果莢為深咖啡色微裂狀態。

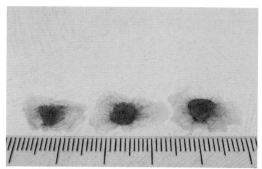

1 去除果殼後，裡面種子為薄片狀帶翅。

2 盆器放入九分滿的土，表土先噴微溼後種子平放於土上，建議種子可重疊排列，以提高發芽率。

3 蓋上少許麥飯石後用手指略微按壓，讓種子與麥飯石密合，澆水澆透，之後兩天澆水一次即可，需晒太陽幫助發芽。

4 約七天發芽，第十二天成長狀況，子葉出土型。

5 約三週成長狀況。

直接種植法

137

6 約一個月成長狀況。

7 約六個月成長狀況。

8 約一年成長狀況。

季節性落葉。

NG

水多造成黃葉。

感染紅蜘蛛。

光線不足造成徒長。

相似植物比較

	藍花楹	鳳凰木
葉子	紫葳科，小葉葉尖呈尖狀。	豆科，小葉葉尖呈圓狀。
果實		
種子		
種子盆栽		
催芽方法	直接種植法	水苔悶芽法

直接種植法

139

樹上的魟魚

·工具·

熱熔膠槍、鑷子、花剪

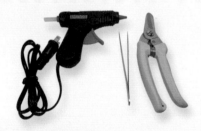

·材料·

藍花楹果實 *1 個（挑選有波浪緣的
果實表現會較為逼真）、破布子蒂
頭 *2 個、6mm 塑膠眼珠 *2 個

1 以果梗作為尾巴，用花剪修剪成尖尖的。

2 在果實 1／3 處將破布子蒂頭黏貼於兩側。

3 破布子蒂頭黏貼時側立一邊，可表現出眼睛的立體感。

4 最後將塑膠眼珠黏貼於破布子蒂頭中間，就完成可愛的魟魚了。

成品照。

林投

Pandanus tectorius

Data /

科　名	露兜樹科
別　名	露兜、假菠蘿
催芽方法	泡水催芽法
泡水時間	7 天
發芽時間	約 4 週
熟果季	□春 ☑夏 ☑秋 □冬
適合種植方式	☑土耕 ☑水耕
種子保存	□可 ☑不可 即播型種子
照顧難易度	★☆☆☆☆
日照強度	★★★★★

植物簡介

多年生常綠灌木。

葉為螺旋叢生，葉緣和葉背中肋均有倒鉤刺。

莖灰褐色呈直立或彎曲匍匐，粗糙具瘤狀突起，
環狀紋路明顯。

雌雄異株，雄花淡黃色呈穗狀花序。

果實為複果，此為未熟果。

熟果。

雌花淡綠色，呈頭狀花序。

盆栽輕鬆種

熟果
果實為橘色自然落果。

1 種子果肉部分包覆著芽點。

143

2 林投是海漂植物，種子泡水會浮起來，因此需壓重物。泡水七天，每天換水。

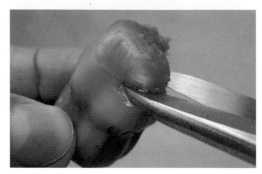

3 種子泡水後須清除果肉，修剪掉多餘的纖維。

4 種子修剪後之樣貌。

5 種子泡水後，可先用環保容器土耕，晒太陽幫助催芽，待長出根莖後方可移植（土耕、水耕皆可），約四週出芽。

6 出芽後，盆器內放入九分滿的土，種子放在表土上。

7 種子與種子間以麥飯石固定，可幫助土壤保溼，勿用麥飯石全部掩埋，以免種子腐爛，澆水兩三圈即可，之後兩天澆一次水。

8 移植後約二週成長狀況。

種子為多芽點的植物。

移植後約四週成長狀況。

10 移植後約三個月成長狀況。

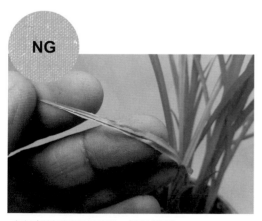

11 移植後約六個月成長狀況。

可水耕，種子被幼株全部包覆。

泡水催芽法

NG

由於新陳代謝的關係，葉片變黃。

感染紅蜘蛛。

爆炸頭娃娃

·工具·

熱熔膠槍、圓嘴鉗、尖嘴鉗、鑷子、
簽字筆、銅刷。

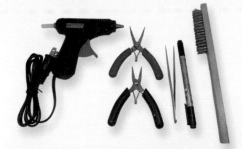

·材料·

林投果實 2 個、石栗種子 *2 個、
薏苡總苞 *8 個、 1.5mm 鋁線（長
3cm）*4 段、（長 4cm）*4 段、裝
飾蝴蝶結 *2 個、6mm 塑膠眼珠 *4
個、圓木片一片。

1 林投果實的粗纖維分內外兩圈，再分前後左右，利用尖嘴鉗分區向外略微夾開。

2 外圈夾開的模樣。

3 內圈用同樣手法夾開粗纖維，就變成爆炸頭了。

4 黏貼上塑膠眼睛。

5 用簽字筆畫上嘴巴。

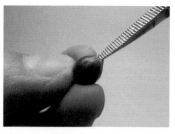

6 以尖嘴鉗夾除薏苡的花序軸後，利用尖嘴鉗將洞口稍微搓大一些（可試著用鋁線比對大小）。

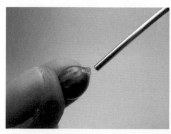

7 薏苡的洞口與鋁線粗細差不多大小後，將薏苡洞口點上熱熔膠並插入鋁線，溢出的熱熔膠可用鑷子夾除。

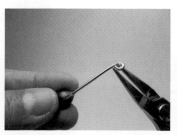

8 鋁線另一端用圓嘴鉗夾出小圈狀。

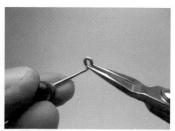

9 接著再轉 90 度角，讓小圈與薏苡呈平行。

偶數羽狀複葉。

樹皮褐色或淡褐色，有粗裂紋及片狀剝皮現象。

花黃綠色，聚繖花序，雌雄同株。

內外果殼均已掉落後，種子由具長翅的咖啡色海綿體藉風力傳播。

果實為蒴果，成熟後由基部裂開。

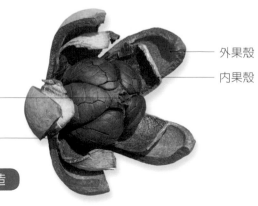

外果殼
內果殼
軸心
種子

果實構造

■種子帶殼種植法

熟果
外果殼呈咖啡色，種子為白色，藏於肥大處。

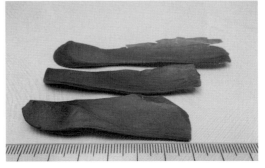

1 具長翅種子，肥大處為芽點。

2 將新鮮種子直立放入容器，基部泡水高度約
1cm即可，海綿體會吸收水分以讓種子達
發芽機制點，記得每天補充適量水分。

3 約一～二週出芽，出芽即可種植，若無出芽
就用破殼法來種植。

4 盆器內裝九分滿的土，將表土澆溼。

5 利用夾子先戳個小洞，種子芽點朝下，入土
深度約2cm，請由內圈往外圈排列。

泡水催芽法

151

5 種子與種子之間用麥飯石固定，以利保溼土壤，勿用麥飯石全部掩埋，以免種子爛掉，澆水兩三圈即可，之後兩天澆水一次。

6 約一個月成長狀況。

7 約三個月成長狀況。

8 約六個月成長狀況。

NG

缺水造成葉子下垂。

因季節變化，造成葉子變黃而落葉。

桃花鞋

·工具·

花剪、剪刀、打火機、撈克線、砂
紙（240 號）、熱熔膠槍。

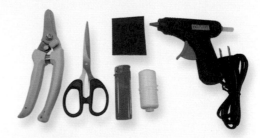

·材料·

大葉桃花心木內果皮 *2 片、免洗筷 *1 枝、
緞帶（寬 2.5cm、長 8cm）*2 條、緞帶（寬
2.5cm、長 6cm）*2 條、緞帶（寬 0.3cm、
長 2.5cm）*2 條。

1 大葉桃花心木的內果皮邊
緣常有粗糙微裂，可用手
剝除碎裂部分，或用花剪
略修一下。

2 初步修好後，可用砂紙磨
一下，讓邊緣摸起來更滑
順。

3 緞帶長度以鞋面最寬處向
左右各取 1.5cm。

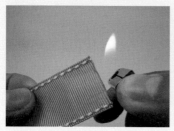

4 剪下來的緞帶邊緣會有鬚
邊，可用打火機略烤一下
以讓線頭收縮。

5 用熱熔膠槍在鞋背點上跟
緞帶一樣寬的膠。

6 先黏合緞帶一端，首先從
緞帶中間抓起一個小摺，
由於前端較窄，所以靠近
前端的部分略往內多黏合
一些。

7 接著黏著另一端，完成鞋
面黏合。

8 取較短的緞帶頭尾部分重
疊，摺成圖中所示。

9 抓兩摺後用拷克線暫時固
定。接著以拷克線纏繞蝴
蝶結中心 5 ～ 7 圈後用力
扯掉即可。

10 在蝴蝶結背面中心點上一點熱熔膠,將最細的緞帶一端先行固定,轉一圈後點膠做黏合,以遮住拷克線。

11 剪掉多餘線段。

12 在蝴蝶結背面點上熱熔膠後黏貼至鞋面。

13 取免洗筷剪成長度比鞋面略短一些的等長六小段。

14 接著將兩段免洗筷用熱熔膠黏合,組成兩組,另外兩枝單獨運用。

15 先將單獨的一小截免洗筷一側以熱熔膠固定於鞋底最前端,後端黏上兩個一組的雙層免洗筷。

泡水催芽法

16 由於大葉桃花心木內果皮經常是歪斜的,免洗筷主要功能是讓高跟鞋站得更平穩,在固定前可先試擺一下,找出平衡點再黏合(所以每只鞋固定的位置會不一樣,黏合方法可自行變化)。

羊蹄甲
Bauhinia variegata

Data /

科　名：豆科（蘇木亞科）

別　名：南洋櫻花

催芽方法：泡水催芽法

泡水時間：泡水膨脹即可種植，約 3～5 天

發芽時間：約 5 天

種子保存方法：勿將種子取出，連帶果實陰乾常溫保存即可。

熟果季 ☑春 ☑夏 □秋 □冬

適合種植方式 ☑土耕 ☑水耕

照顧難易度 ★☆☆☆☆

日照強度 ★★★★★

植物簡介

葉為單葉互生。

落葉小喬木。

花為桃紅色，繖房花序或總狀花序，雌雄同株。

莖灰綠褐色，光滑，分枝多。

果實為莢果，由綠色轉為咖啡色，圖中為熟果。

盆栽輕鬆種

熟果
果莢為咖啡色。

1 去除果莢後，咖啡色種子數顆，黑點處是芽點。

2 種子泡水時需每天換水，下沉或浮在水面均可，泡到種皮顏色變淺、膨脹，約三～五天即可土耕。

五天內種子若無膨脹，可用粗砂紙磨擦讓種皮破損，再泡七天觀察，若無膨脹即可捨棄。

3 盆器放入九分滿的土，種子芽點朝下，勿埋入土裡，由外向內排列種植。

4 種子間用麥飯石固定，以利保溼土壤，勿用麥飯石全部掩埋，以免種子爛掉，澆水兩三圈即可，之後兩天澆水一次。

5 五天發芽；約二週成長狀況。

6 約三週成長狀況。

7 將種皮去除，美化盆栽。

8 約二個月成長狀況。

水耕。

9 約二年成長狀況。

NG

晒傷。

水太多黃葉。

葉子晚上的睡眠運動。

花生

Arachis hypogaea

Data /

科　名：豆科（蝶形花亞科）

別　名：落花生、土豆

催芽方法：泡水催芽法

泡水時間：1 天

發芽時間：約 5 天

種子保存方法：果實帶殼常溫保存

熟果季　□春　☑夏　□秋　☑冬

適合種植方式　☑土耕　□水耕

照顧難易度　★☆☆☆☆

日照強度　★★★★★

Note /

若是種子盆栽，任何季節均可種植，觀賞時間約 3 個月。若是想種來食用，春節後到中秋前都可種植，一般在 100 天～ 120 天左右收成，收成後花生植株就會死掉。原則上，一年可收穫二次，種植時間為春節到元宵，以及中秋前播種，果熟期就會落在夏季與冬季。

植物簡介

一年生草本。

花黃色，單花，雌雄同株。花朵授粉後，子房柄延伸至土裡，果實在土裡成長。

葉為羽狀複葉。

果實為莢果。

莖綠色，直立或斜臥，有稜，被土黃色長毛。

盆栽輕鬆種

熟果
果實為莢果，熟果帶米色殼，果皮裡有 1 ～ 3
顆不等的種子。

1 尖端處為芽點，大小約 1cm。

2　種子去除果殼後泡水一天，浮在水面的部分請捨棄。
　有些種子在泡水過程中就發芽長根，發芽與否皆可種植。

3　種子可帶種皮種植或是脫去種皮後種植。示範盆栽為脫去種皮種植。
　盆器放入九分滿的土，種子芽點朝下置於土上。

PART2

簡單易懂的種植法

4　種子間用麥飯石固定以利土壤保溼，勿用麥飯石全部掩埋以免種子爛掉，澆水兩、三圈即可，之後兩天澆水一次。

5　約三天成長狀況。

6　約五天成長狀況。

7　約一週成長狀況。

8 約三週成長狀況。

9 約四週成長狀況。

葉子晚上的睡眠運動。

NG

嚴重缺水狀況。

美人樹
Ceiba speciosa

Data /

科　名:錦葵科木棉亞科 (木棉科)

別　名:美人櫻、酒瓶木棉

催芽方法:泡水催芽法

泡水時間:泡水膨脹即可種植,
約 1〜2 天

發芽時間:約 3 天

熟果季　☑春　□夏　□秋　□冬

適合種植方式　☑土耕　□水耕

種子保存　□可　☑不可　即播型
種子

照顧難易度　★★★☆☆

日照強度　★★★★☆

植物簡介

落葉喬木。

葉為掌狀複葉。

花為紫紅色或淡紅色，總狀花序，雌雄同株，開花時幾乎沒有葉子。

樹幹底部膨大呈灰褐色，粗糙狀，全株均著生短刺。

果實為蒴果，未熟果。

熟果，果殼脫落。

熟果。棉絮爆開，
種子風力傳播。

熟果遇到下雨或太過潮溼，發芽抑制物質很容易被破壞而發芽。

熟果
果實為咖啡色，棉絮爆開。

1 去除棉絮後，種子為黑色，種子尖端處是芽點。（易過敏者，請戴口罩去除棉絮）

2 種子泡水時下沉或浮在水面均可，只要泡到種子略微膨脹即可，約一～二天即可種植，未膨脹者請捨棄。

POINT

勿泡到種皮脫落，此圖中的種仁已潰爛。

3 盆器放入九分滿的土，種子芽點朝下，由外向內排列種植。由於葉片頗大，因此不要排的太過密集。

4 蓋上少許麥飯石後，用手指輕壓，讓種子與麥飯石密合，水澆透，之後兩天澆水一次即可。

5 約一週發芽，子葉出土型。

6 約二週成長狀況。噴水時多噴在子葉上，讓種皮軟化，去種皮時才不會傷到子葉。

7 約六週成長狀況，本葉展葉。

8 約五個月成長狀況。

幼葉時偶有變異葉發生。

NG

陽光太強，植物黃化。

相似植物比較

	美人樹	木棉	吉貝木棉
果實			
種子			
種子盆栽			
催芽方法	泡水悶芽法		

印度辣木
Moringa oleifera

Data /

科　名：辣木科

別　名：辣木、鼓槌樹、山葵木

催芽方法：泡水催芽法

泡水時間：3 天

發芽時間：約 5 天

種子保存方法：勿將種子取出，連帶果實陰乾常溫保存即可。

有毒部位：種子及根

熟果季　□春　☑夏　□秋　□冬

適合種植方式　☑土耕　□水耕

照顧難易度　★☆☆☆☆

日照強度　★★★★★

泡水催芽法

植物簡介

落葉喬木。

葉為二至三回羽狀複葉。

花為白色或淡黃色，圓錐花序，雌雄同株。

通常是單一主幹，樹皮綠褐色或灰褐色，具縱向溝裂、皮孔。

果實為蒴果，此為未熟果。

熟果。

盆栽輕鬆種

熟果
果莢為咖啡色。

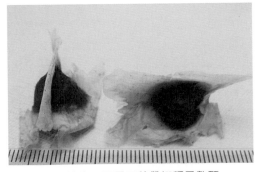

1 去除果莢後，可見三稜帶翅種子數顆。

2 種子的種皮是否剝除皆可，泡水三天，每天換水，浮在水面的種子請捨棄。

3 盆器放入九分滿的土，種子平放於土上，不要排太密，若無法確定芽點，可將種子橫躺種植。

4 種子與種子間用麥飯石固定，以利土壤保溼，勿用麥飯石全部掩埋，澆水兩三圈即可，之後兩天澆水一次，需晒太陽幫助發芽。

5 約五天發芽。

6 約十天成長狀況。

7 約三週成長狀況。

8 約二個月成長狀況，幼葉擁有豐富的膳食纖維，可食用。

9 約三個月成長狀況。

10 約一年成長狀況。

水太多。　　　　　　　　感染紅蜘蛛。

缺水或通風不良。

脫殼法

可用剪刀小心地剝除種皮，種子為白色。

種子泡水三天後放在水苔上，悶芽至長出根部後再取出種植。

悶芽或種植過程中，種子若有腐爛情況應盡快捨棄，避免細菌或病蟲害感染，而影響其他健康植株。

Point

＊因為種子容易爛，所以帶殼或不帶殼除泡水法外，也可用水苔悶出芽再種植，以確保發芽率。

＊水澆過多容易爛根，建議用有洞盆器種植於陽台或直接地植。

＊有洞盆器、陽光、適量的水是將印度辣木種好的不二法則。

印度辣木盆植三年後的開花狀況。

PART2　簡單易懂的種植法

阿勃勒
Cassia fistula

Data /

科　名：豆科（蘇木亞科）

別　名：黃金雨、波斯皂莢、
豬腸豆

催芽方法：泡水催芽法

泡水時間：泡水膨脹即可種植，
約 5～7 天。

發芽時間：約 3 天

種子保存方法：勿將種子取出，
連帶果實陰乾常溫保存即可。

有毒部位：花朵、果莢外殼

熟果季　□春　☑夏　□秋　□冬

適合種植方式　☑土耕　□水耕

照顧難易度　★★★★★

日照強度　★★★★★

泡水催芽法

植物簡介

落葉喬木。

葉為羽狀複葉。

175

花為黃色，總狀花序，雌雄同株。

果實為莢果，未熟果。

樹幹平滑，樹皮呈灰白色，偶有小瘤狀隆起。

熟果。

用槌頭輕輕敲裂果實,再用花剪沿著背縫線剪開果殼。

熟果
當花期到來時,即為去年果實的熟果季,果莢為黑色。

1 去除果莢、黑色黏稠物後可見咖啡色種子數顆,種子尖端處為芽點。

2 一房室一種子,用夾子取出種子後泡水,需每天換水,三天內種子要下沉才能種植。

泡水催芽法

3 約五～七天,泡到種子種皮顏色變淺、膨脹,即可土耕。種子若無膨脹,可用粗砂紙磨至種皮破損,再泡水七天做觀察,若無膨脹即可捨棄。

4 盆器放入九分滿的土,芽點朝下種植,種子放置於土上,勿埋入土裡。

5 種子間用麥飯石固定，以利土壤保溼，勿用
麥飯石全部掩埋，澆水兩三圈即可，之後兩
天澆水一次。

6 三天發芽，子葉出土型。

7 約七天成長狀況。

8 約十天成長狀況。

9 約四週成長狀況。

10 約二個月成長狀況。

11 約三個月成長狀況。

NG

澆水後葉子重疊爛葉。

感染紅蜘蛛。

缺水。

相似植物比較

	阿勃勒	爪哇旃那	花旗木	大果鐵刀木
花				
果實			大果鐵刀木 阿勃勒 爪哇旃那 花旗木	
種子				
種子盆栽				
催芽方法	泡水催芽法			

PART2 ｜ 簡單易懂的種植法

180

相思樹
Acacia confusa

Data /

科　名	豆科（含羞草亞科）
別　名	台灣相思、相思仔
催芽方法	泡水催芽法
泡水時間	泡水膨脹即可種植，約 5 ～ 7 天。
發芽時間	約 7 天
種子保存方法	勿將種子取出，連帶果莢陰乾後常溫保存即可。
有毒部位	種子
熟果季	□春 ☑夏 ☑秋 □冬
適合種植方式	☑土耕 □水耕
照顧難易度	★★★☆☆
日照強度	★★★★★

泡水催芽法

植物簡介

常綠喬木。

鐮刀狀的假葉。

花為鮮黃色，頭狀花序，雌雄同株。

樹皮灰綠褐色，有縱向細縫裂。

果實為莢果，未熟果。

熟果。

盆栽輕鬆種

熟果
果實為咖啡色莢果。

1 果實去除果莢後，種子為黑色，尖端為芽點。

2 種子泡水時需每天換水。種子下沉或浮在水面均可泡到種皮顏色變淺（圖右）、膨脹，約五～七天即可土耕。七天內種子若無膨脹，可用粗砂紙磨至種皮破損後再泡七天觀察，若無膨脹即可捨棄。

3 盆器放入九分滿的土，種子尖端是芽點，芽點朝下由外向內排列種植。

4 種子與種子間用麥飯石固定，以利土壤保溼，勿用麥飯石全部掩埋以免種子爛掉，澆水兩三圈即可，之後兩天澆水一次。

5 約七天發芽，子葉出土型。

6 約二週成長狀況。

7 子葉成長後，接下來的轉型葉為羽狀複葉。

8 約三週成長狀況。

9 約四週成長狀況。

10 羽狀複葉後，接下來會長出鐮
刀狀的假葉。

晚上的睡眠運動。

NG

感染紅蜘蛛。

破布子
Cordia dichotoma

Data /

科　名：紫草科

別　名：樹子、破布木

催芽方法：泡水催芽法

泡水時間：5 天

發芽時間：約 7 天

熟果季　□春 ☑夏 □秋 □冬

適合種植方式　☑土耕 □水耕

種子保存　□可 ☑不可 即播型
種子

照顧難易度　★★★★★

日照強度　★★★★★

泡水催芽法

植物簡介

落葉喬木。

葉為單葉互生。

花為米色，聚繖花序，雌雄同株。

果實為核果，幼果。

未熟果。

熟果。

果皮具乳白色黏液。

186

熟果
果實為粉紅色。

1 放入袋中，用手輕輕擠壓，讓種子與果皮分離。

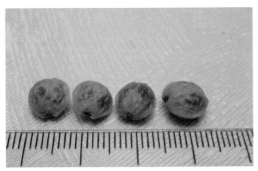

2 去除果皮後，種子為米色。

3 種子倒入容器後注水浸泡，由於果皮帶黏性，待一～二天果皮與種子分離，再將浮於水面上的果皮撈掉。

4 每天需換水搓洗，務必將種子洗淨。

5 泡水五天直至種子清洗乾淨，請捨棄浮在水面的種子。

泡水催芽法

187

6 盆器放入九分滿的土，種子由外向内排列平放於土上。

7 蓋上少許麥飯石後，用手指略為按壓，讓種子與麥飯石密合，水澆透後每兩天澆水一次，需晒太陽幫助發芽。

8 約七天發芽，子葉出土型。

9 子葉展葉模樣。

10 植株向光性甚強，須適時將盆器轉向。

11 約三週成長狀況。

12 約六週成長狀況。

13 約二個月成長狀況。

14 約四個月成長狀況。

NG

缺水狀況。

通風不良，水太多。

馬拉巴栗
Pachira macrocarpa

Data /

科　名	錦葵科木棉亞科（木棉科）
別　名	大果木棉、美國花生
商品名	發財樹
催芽方法	泡水催芽法
泡水時間	泡水發芽就種，若泡水超過 7 天未發芽，請捨棄種子。
發芽時間	約 1～3 天
熟果季	☑春 ☑夏 □秋 □冬
適合種植方式	☑土耕 ☑水耕
種子保存	□可 ☑不可 即播型種子
照顧難易度	★☆☆☆☆
日照強度	★☆☆☆☆

植物簡介

常綠喬木。

葉為掌狀複葉。

樹幹通直偏綠，基部多肥大，莖上具環狀凸紋。

花為淡白綠色，雌雄同株。

果實為蒴果，未熟果。

未熟果。

近熟果（左）。

熟果。

熟果
果莢為深綠色自然開裂。

1 去除果莢後，淺咖啡色帶紋路種子數顆，微帶棉絮。

2 泡水時，種子浮起來或沉下去均可，需每天換水。泡水期間開裂的就可種植，泡水七天內若無發芽，請捨棄。

3 盆器放入九分滿的土，表土澆水微溼即可，種子芽點朝下置於土上，不須蓋麥飯石，之後每兩天澆水一次。

4 約三天發芽，子葉出土型。

5 用手輕輕將種皮剝除。

6 約六天成長狀況。　　　　　7 約二週成長狀況。

8 約二個月成長狀況。

9 約一年成長狀況。

10 約二年成長狀況。

水分過多爛莖。

水太少,莖呈乾扁狀。

馬拉巴栗在每年清明節前後定期修剪,可促進新陳代謝,會生長得更好。

用水苔悶芽的話種子容易腐爛,不建議使用此法。

擠壓塑型

1 盆器放入九分滿的土,將泡水後開裂的種子芽點朝下置於土上,澆水微溼即可。

2 盆器蓋上保鮮膜,盆口用橡皮筋固定,用竹籤在保鮮膜上戳洞透氣。

3 保鮮膜上若有很多水珠,表示水分過多,請先將保鮮膜掀起後擦掉水珠,並視水珠多寡程度,讓盆栽先通風 5 ～ 10 分鐘,待水氣散失一些再蓋上保鮮膜。

4 保鮮膜上保有霧氣是最佳悶芽狀態,請勿再澆水。

5 當子葉變綠時,準備脫去種皮。

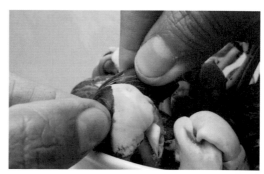

6 用手小心將種皮去除。

7 馬拉巴栗種子有多胚體情況,脫去種皮時,較幼小的胚體也可一併去除,因成長機率不高,體質不良或爛掉的也要捨棄。

8 整理乾淨的盆栽,繼續蓋上保鮮膜加壓塑型。

9 等待本葉略為長出，呈現彎度後
再拆除保鮮膜移植。

植株彎曲後，可挑選瓶口
小的盆器單株種植。

塑形移植後的模樣。

各種造型種植。

196

蒲桃
Syzygium jambos

Data /

科　名：桃金孃科

別　名：香果、風鼓

催芽方法：泡水催芽法

泡水時間：3 天

發芽時間：約 2 週

熟果季　□春 ☑夏 □秋 □冬

適合種植方式　☑土耕 □水耕

種子保存　□可 ☑不可

照顧難易度　★☆☆☆☆

日照強度　★★★★★

泡水催芽法

植物簡介

常綠喬木。

葉為單葉對生。

嫩葉為紅色，嫩枝為紅褐色，有光澤。

花淡綠色，雌雄同株。

果實為漿果，近熟果。

熟果。

盆栽輕鬆種

熟果
果實為綠白色。

1 去除果皮、果肉後，種子為咖啡色。種子剝開後，白點為芽點。

2 當種子數量不多時，由於此為多芽點植物，因此可順著種子紋路剝開，讓更多芽點有發芽的機會。種子泡水三天，每天換水。

3 盆器放入九分滿的土，種子芽點朝下排列於土上。

4 蓋上少許麥飯石後，用手指輕壓，讓種子與麥飯石密合，水澆透，之後兩天澆水一次即可。

5 約二週發芽。

6 約三週成長狀況。

7 約四週成長狀況。

8 約二個月狀況。

9 約三個月狀況。

11 約十個月成長狀況。

10 約六個月成長狀況。

NG

晒傷。

水太少。

相似植物比較

	蒲桃	肯氏蒲桃
果實		
種子		
種子盆栽		
催芽方法	泡水催芽法	

泡水催芽法

羅望子

Tamarindus indica

Data /

科　名	豆科（蘇木亞科）
別　名	酸豆、酸果、酸子
催芽方法	泡水催芽法
泡水時間	泡水泡到種子膨脹就種，約 3～5 天。
發芽時間	約 7 天
種子保存方法	種子連帶果殼陰乾後，常溫保存即可。
熟果季	□春 ☑夏 ☑秋 □冬
適合種植方式	☑土耕 □水耕
照顧難易度	★★☆☆☆
日照強度	★★★★★

植物簡介

葉為羽狀複葉。

常綠喬木。

花紅黃色，總狀花序，雌雄同株。

莖暗褐色，老幹具有
縱橫不規則裂紋。

果實為莢果，幼果。

熟果。

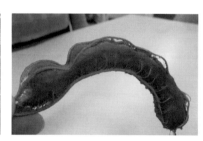

用手將果莢轉開，去除果殼與果肉
上的纖維，果肉可食，品種分為酸
品系與甜品系，酸品系拿來做菜，
甜品系當蜜餞零嘴食用。

盆栽輕鬆種

熟果
果莢肥大為咖啡色。

1 種子每天換水浸泡，卜沉或浮在水面均可，
泡到種皮顏色變淺、種仁脹大，約三～五
天；種皮遇水會產生黏稠物。五天內種子若
無膨脹，可用粗砂紙磨至種皮破損，再泡七
天觀察，若無膨脹即可捨棄。

麵包樹
Artocarpus altilis

Data /

科　名：桑科	
別　名：麵包果、羅蜜樹	
催芽方法：泡水催芽法	
泡水時間：7 天	
發芽時間：約 7 天	
熟果季　□春 ☑夏 □秋 □冬	
適合種植方式　☑土耕 □水耕	
種子保存　□可 ☑不可 即播型種子	
照顧難易度　★★★☆☆	
日照強度　★★★★★	

植物簡介

葉為單葉互生。

常綠喬木。

樹幹直立粗狀，樹皮呈灰褐色。

花黃色，雄花為穗狀花序，雌花為頭狀花序，雌雄同株異花，此為雄花。

果實為複果，未熟果。

熟果。

熟果落果。

盆栽輕鬆種

熟果
果肉略呈橘色，果肉與種子均可食用。

1 去除果皮、果肉後，白色種子數顆，種子尖端處是芽點。

2 泡水七天，每天換水，到了第三天，請捨棄浮在水面的種子。

3 盆器放入九分滿的土，種子芽點朝下，由外向內排列種植，由於植株葉子頗大，排列間距可拉大一點。

4 種子間用麥飯石固定，以利保溼土壤，勿用麥飯石全部掩埋，以免種子爛掉，澆水兩三圈即可，之後兩天澆水一次。

5 五天發芽，約第七天成長狀況。

6 約二週成長狀況。

7 約四週成長狀況。

8 約六個月成長狀況。

9 約七個月成長狀況。

10 約八個月成長狀況。

植株過長，適度修剪後的成長狀況。

NG

感染白粉病。

缺水。

蘭嶼肉桂
Cinnamomum kotoense

Data /

科　名：樟科

別　名：平安樹、紅頭嶼肉桂、
大葉肉桂

催芽方法：泡水催芽法

泡水時間：7 天

發芽時間：約 7 天

熟果季　□春　☑夏　□秋　□冬

適合種植方式　☑土耕　□水耕

種子保存　□可　☑不可　即播型
種子

照顧難易度　★★★☆☆

日照強度　★★★★★

植物簡介

花黃白色，聚繖花序，雌雄同株。

常綠喬木。

葉為單葉對生，葉基三出脈。

樹幹粗壯，樹皮呈褐色光滑。

果實為核果，
幼果。

未熟果。

熟果。

熟果
果實呈紫黑色。

1 去除果皮、果肉,種子為咖啡色,尖端處為
芽點。

2 泡水七天,種子下沉或浮在水面均可,之後
擦乾水分直接種植,有些種子泡水後會開
裂,開裂或不開裂皆可種植。

3 盆器放入九分滿的土,種子芽點朝下,由外
向內排列種植,間距可拉大一點。

4 種子間用麥飯石固定,以利保溼土壤,勿用
麥飯石全部掩埋,以免種子爛掉,澆水兩三
圈即可,之後兩天澆水一次。

5 七天發芽,約十天成長狀況。

6 約二週成長狀況。

7 約四週成長狀況。

8 約二個月成長狀況。

9 約三個月成長狀況。

10 約四個月成長狀況。

印度紫檀
Pterocarpus indicus

Data /

科　名	豆科（蝶形花亞科）
別　名	紫檀、青龍木
催芽方法	泡水催芽法
泡水時間	泡水膨脹即可種植，約 5 ～ 7 天
發芽時間	約 7 天
種子保存方法	勿將種子取出，連帶果實陰乾常溫保存即可。
熟果季	☑春 □夏 □秋 ☑冬
適合種植方式	☑土耕 □水耕
照顧難易度	★★★★★
日照強度	★★★★★

植物簡介

落葉喬木。

葉為羽狀複葉。

花黃色，總狀花序或圓錐花序，雌雄同株。

果實為莢果，未熟果。

近熟果。

熟果。

盆栽輕鬆種

熟果
果莢為咖啡色。

1 種子在果莢裡，用剪刀去除薄翅後，以鑷子
將種子取出。

2 去除果莢後，咖啡色種子約一～三顆不等，種子尖端黑點處為芽點。

3 種子泡水時需每天換水，泡到種皮顏色變淺、膨脹，下沉或浮在水面均可，約五～七天即可土耕，七天內種子若無膨脹可用粗砂紙磨至種皮破損，接著再泡七天觀察，若無膨脹即可捨棄。

4 盆器放入九分滿的土，種子芽點朝下放置於土上，勿埋入土裡，由外向內排列種植。

5 種子間用麥飯石固定，以利保溼土壤，勿用麥飯石全部掩埋，以免種子爛掉，澆水兩三圈即可，之後兩天澆水一次。

6 約七天發芽，子葉出土型。

7 約十天成長狀況。

8 約四週成長狀況。

9 約二個月成長狀況。

10 約四個月成長狀況。

11 約六個月成長狀況。

12 約一年成長狀況。

NG

植株體質不良。

紅蜘蛛

相似植物比較

	印度紫檀	菲律賓紫檀
果實	果實中間平滑。	果實中間呈刺狀。
種子		
種子盆栽		
催芽方法	泡水催芽法	

狐尾武竹
Asparagus densiflorus

Data /

科　名	天門冬科（百合科）
別　名	狐狸尾、非洲天門冬
催芽方法	泡水催芽法
泡水時間	7 天
發芽時間	約 2 週
種子保存方法	去除果皮、果肉，種子陰乾後放入冰箱冷藏。
熟果季	□春　□夏　☑秋　☑冬
適合種植方式	☑土耕　□水耕
照顧難易度	★☆☆☆☆
日照強度	★★★★★

泡水催芽法

植物簡介

多年生草本。

葉為小葉叢聚互生，莖直立或開展，成株叢生狀。

219

花白色，總狀花序，雌雄同株。

熟果。

果實為漿果，未熟果。

盆栽輕鬆種

熟果
果實為紅色。

1 果實放入袋中，用手輕輕擠壓，讓種子與果皮、果肉分離。

2 去除果皮、果肉後，種子為黑色，中間點狀即為芽點。

3 將種子倒入容器後注入清水，把浮在水面上的果皮撈掉，泡水七天，每天換水，請捨棄浮在水面種子。

4 盆器放入九分滿的土，種子芽點朝下，平放於土上。

5 蓋上少許麥飯石後，用手指輕壓，讓種子與麥飯石密合，水澆透，之後兩天澆水一次即可。需晒太陽幫助發芽。

6 約二週發芽。

7 約四週成長狀況。

8 約六週成長狀況。

9 約四個月成長狀況。

10 約五個月成長狀況。

11 約六個月成長狀況。

NG

水多爛根，造成莖轉咖啡色。

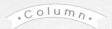

相似植物比較

	狐尾武竹	武竹
植株		
果實		
種子		
種子盆栽		
催芽方法	泡水催芽法	

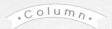
泡水催芽法

青楓

Acer serrulatum

Data /

科　名：無患子科（槭樹科）

別　名：槭樹、青楓

催芽方法：泡水催芽法

泡水時間：7 天

發芽時間：約 7 天

種子保存方法：勿將種子取出，連帶果實陰乾常溫保存即可。

熟果季　□春　□夏　☑秋　☑冬

適合種植方式　☑土耕　□水耕

照顧難易度　★★★★★

日照強度　★★★★★

植物簡介

落葉喬木。

葉為單葉對生。

嫩葉為紅色。

樹皮灰紅褐色，有細縱帶，皮孔顯著。

花為淡綠色或黃綠色，聚繖花序，雜性花（雌雄同株、異株均有）。

果實為翅果，未熟果。

熟果。

泡水催芽法

盆栽輕鬆種

熟果
果實為咖啡色。

1 種子帶翅，肥大處為芽點。

2 去除翅膀後，泡水七天，每天換水。到了第三天，請捨棄浮在水面的種子。

3 盆器放入九分滿的土，種子平放於土上。

4 蓋上少許麥飯石。

5 用手指輕壓，讓種子與麥飯石密合，水澆透，之後兩天澆水一次即可。

6 約七天發芽，子葉出土型。

7 約三週成長狀況。

8 約四週成長狀況。

9 約三個月成長狀況。

11 約二年成長狀況。

10 約五個月成長狀況。

NG

植株成長向光性強，建議一段時間可將盆栽轉換方向。

水太多爛根。

南天竹
Nandina domestica

Data /

科　名	小蘗科
別　名	天燭子、南竹子
催芽方法	泡水催芽法
泡水時間	7 天
發芽時間	約 2 ～ 10 個月
有毒部位	全株有毒，勿食。
熟果季	☑春 □夏 □秋 ☑冬（春季撿果最佳）
適合種植方式	☑土耕 □水耕
種子保存	□可 ☑不可 即播型種子
照顧難易度	★☆☆☆☆
日照強度	★★★★★

植物簡介

葉為二～三回羽狀複葉。

常綠灌木。

溫度讓葉片改變顏色。

花為白色，圓錐花序，雌雄同株。

果實為漿果，未熟果。

熟果。

盆栽輕鬆種

熟果
果實為紅色。南天竹果實約 11 月開始轉紅色，
建議在翌年 1 月下旬開始採集，發芽率較高。

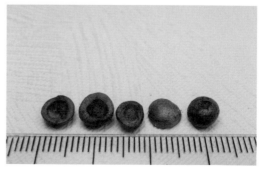

1 果實去除果皮、果肉後，裡面有 1～2 顆
半圓形中空的種子，泡水七天，每天換水。
到了第三天，請捨棄浮在水面的種子。

2 盆器放入九分滿的土，種子平放於土上。

3 蓋上少許麥飯石，用手指輕輕按壓，讓種子與麥飯石密合，水澆透，之後兩天澆水一次即可，需晒太陽幫助發芽。

4 約二個月發芽，子葉出土型。

5 約三個月成長狀況。

6 約四個月成長狀況。

7 約五個月成長狀況。

8 約一年成長狀況。

約一年成長狀況。

9 約一年二個月成長狀況。

10 約二年成長狀況。

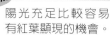

Point
陽光充足比較容易
有紅葉顯現的機會。

NG

體質不良。

水多爛莖。

珊瑚藤

Antigonon leptopus

Data /

科　名：蓼科

別　名：朝日蔓、旭日藤

催芽方法：泡水催芽法

泡水時間：7天

發芽時間：約7天

種子保存方法：勿將種子取出，
連帶果實陰乾常溫保存即可。

熟果季　□春　□夏　☑秋　□冬

適合種植方式　☑土耕　□水耕

照顧難易度　★☆☆☆☆

日照強度　★★★☆☆

植物簡介

落葉木質藤本。

嫩莖為草綠色，四稜形具絨毛。

老莖深灰褐色，表面呈凹凸狀。

花呈淡紅色、白色，聚繖花序，雌雄同株。

果實為堅果，近熟果。

熟果。

盆栽輕鬆種

熟果
果實為咖啡色帶苞片。

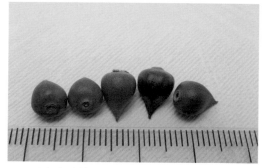

1 果實去除苞片後，種子為圓錐形，尖端處是芽點。

2 泡水七天，每天換水。到了第三天，請捨棄浮在水面的種子。

3 盆器放入九分滿的土，種子芽點朝下，由外向內排列種植，由於葉子頗大，因此不要排太密。

4 蓋上少許麥飯石，用手指按壓，讓種子與麥飯石密合，水澆透，之後兩天澆水一次即可。

5 約七天發芽，子葉出土型。

6 約二週成長狀況，子葉與本葉一起成長。

7 本葉伸展。

8 約三週成長狀況，葉子顏色會由淺綠慢慢轉為深綠。

9 約四週成長狀況。

10 約十週成長狀況，植株開始往上生長，準備攀爬。

NG

水多黃葉。

11 約七個月成長狀況，可用鋁線固定於盆器上，讓植株攀爬。

檸檬
Citrus limon

Data /

科　名：芸香科

別　名：檸果、洋檸檬

催芽方法：泡水催芽法

泡水時間：3 ～ 7 天（溫度 20 度以上泡 3 天，20 度以下泡 7 天）

發芽時間：約 2 週

種子保存方法：果實去除果皮與果肉，種子陰乾後放入冰箱冷藏。

熟果季　☑春　☐夏　☑秋　☑冬

適合種植方式　☑土耕　☐水耕

照顧難易度　★★☆☆☆

日照強度　★★☆☆☆

植物簡介

常綠喬木。

葉為單葉互生。

莖上偶有硬刺或無刺。

花為外紫色內白色，單花或簇生，雌雄同株。

果實為柑果，近熟果。

此品種黃色為熟果。

盆栽輕鬆種

熟果
果實為黃綠色。

1 去除果皮、果肉後，水滴狀米色種子數顆，
尖端處為芽點。

2 泡水三～七天，洗淨種子上的黏液，泡水三
天後剔除浮在水面的種子。

3 盆器放入九分滿的土，種子芽點朝下排列於
土上。

4 蓋上少許麥飯石後，用手指略微按壓，讓種
子與麥飯石密合，水澆透後兩天澆水一次即
可。

5 約二週發芽。

6 約三週成長狀況。

7 約四週成長狀況。

芸香科植物是無尾鳳蝶的最愛，家中盆栽若
放在陽台，就有可能遇到此嬌客光臨喔！

白子。

NG

水多

柳丁

橘子

茂谷柑

金棗

砂糖桔

金豆柑

棋盤腳

Barringtonia asiatica

Data /

科　名：玉蕊科

別　名：墾丁大肉粽、魔鬼樹

催芽方法：泡水催芽法

泡水時間：7 天

發芽時間：約 2 週～ 6 個月

種子保存方法：常溫即可

有毒部位：果實

熟果季　☑春　□夏　□秋　☑冬

適合種植方式　☑土耕　☑水耕

照顧難易度　★☆☆☆☆

日照強度　★★☆☆☆

泡水催芽法

植物簡介

葉為單葉互生。

常綠喬木。

241

樹幹直立，樹皮褐紅色，具縱向細裂紋。

花為粉紅白色，總狀花序，雌雄同株，晚上開花。

只開一天，清晨開花模樣。

偶見白色花。

果實為核果，近熟果。

熟果為咖啡色。

棋盤腳果實
剖面構造

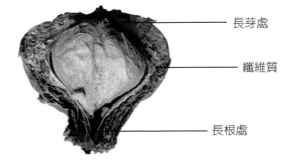

長芽處

纖維質

長根處

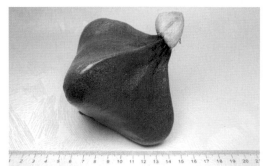

熟果
果實為咖啡色。

1 去除果皮與纖維質後，裡面有種子一顆，種子尖端處為芽點。

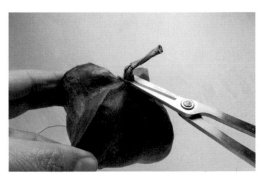

2 果實完整可帶殼悶芽，修剪蒂頭。

3 修剪尾端，小心勿傷到種仁。

4 看到種仁後按壓確認，硬實的話即為新鮮果實，若為黑褐色軟爛，大多為不良果。

5 泡水七天，海漂植物果實會浮起來，要用重物將它壓下。泡水後，直接放在水上或水苔上催芽。

泡水催芽法

243

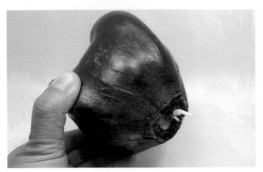

6 約二週至六個月長根。

7 盆器放入九分滿的土，表土澆水微溼即可，果實芽點朝下置於土上。

8 添加麥飯石固定，之後兩天澆水一次即可。

9 出芽方向會有不固定的情形。

10 新生嫩葉呈油亮微紅色。

11 移植後約六個月成長狀況。

13　約十個月成長狀況。

12　約八個月成長狀況。

果皮若有破損，可全部剝
掉，另有不同美感。

果殼不完整或有破損，可將它全部剝除，直接以種子種植。

偶有白子。

偶有淺綠色的
變異葉。

水耕

泡水催芽法

245

楊桃
Averrhoa carambola

Data /

科　名	酢漿草科
別　名	洋桃、五斂子
催芽方法	泡水催芽法
泡水時間	3 天
發芽時間	約 3 ～ 4 週
種子保存方法	果實去除果皮、果肉，種子陰乾後放入冰箱冷藏。
熟果季	□春　□夏　☑秋　☑冬
適合種植方式	☑土耕　☑水耕
照顧難易度	★★☆☆☆
日照強度	★★★★★

植物簡介

葉為羽狀複葉。

常綠灌木或小喬木。

樹幹挺直，樹皮平滑暗褐色。

花紫紅色，圓錐花序，雌雄同株。

果實為漿果，幼果。

熟果。

盆栽輕鬆種

熟果
果實為黃色。

1 去除果皮、果肉後，種子為咖啡色數顆，尖
端處是芽點。

2 　泡水三天，請捨棄浮在水面的種子。

3 　楊桃種子上有薄膜需洗淨，可以邊泡水邊搓揉，換水時倒入網篩，至水龍頭底下搓洗，約兩天左右即可去除。

4 　盆器放入九分滿的土，種子芽點朝下，由外向內排列種植。

5 　蓋上少許麥飯石，用手指輕輕按壓，讓種子與麥飯石密合，水澆透，之後兩天澆水一次即可。

6 　約三週發芽，子葉出土型。

7 　約四週成長狀況，子葉與本葉一起成長。

8 約六週成長狀況。

9 約七週成長狀況。

10 約三個月成長狀況。

11 約四個月成長狀況。

12 約五個月成長狀況。

13 約六個月成長狀況。

葉子晚上的睡眠運動

水耕方式

1 將泡水後的種子擦乾，於水苔上悶芽，悶出約 5cm 的根系。

2 先將吸管高度剪至跟瓶口一樣高，再把 2～3 顆種子的根一起塞進同根吸管裡；瓶內注入約八分滿的水，每天噴水於芽點上即可。

PART2

簡單易懂的種植法

3 水耕成品。

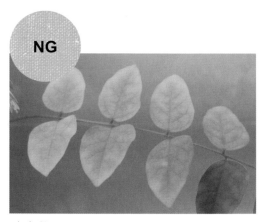

NG

水太多。

感染紅蜘蛛。

蘋果
Malus pumila

Data /

科　名	薔薇科
別　名	林檎、柰
催芽方法	泡水催芽法
泡水時間	3 天
發芽時間	約 7 天
熟果季	□春 □夏 ☑秋 ☑冬
適合種植方式	☑土耕 □水耕
種子保存	□可 ☑不可 即播型種子
照顧難易度	★★★★★
日照強度	★☆☆☆☆

泡水催芽法

落葉喬木。

葉為單葉互生。

樹幹呈灰褐色，具皮孔。

花為粉紅白色，繖房花序，雌雄同株。

果實為仁果，幼果。

熟果。

盆栽輕鬆種

熟果
果實轉色即為熟果，大部分為紅色，有些品種熟
果呈黃色或綠色。

1 果實去除果皮、果肉、果核後，裡面有數顆
帶咖啡色的種子，尖端處是芽點。

2 　泡水三天，每天換水。到了第三天，請捨棄浮在水面的種子。種皮有色素，因此泡水時呈褐色屬正常現象。

3 　蘋果薄膜需洗淨，可以邊泡水邊搓揉，換水時，倒入網篩至水龍頭底下搓洗，兩天左右即可去除。

4 　盆器放入九分滿的土，種子芽點朝下，由外向內排列種植。

5 　蓋上少許麥飯石，用手指略微按壓，讓種子與麥飯石密合，水澆透，之後兩天澆水一次即可。

6 　約七天發芽，子葉出土型。

7 　約九大成長狀況，本葉同時生長。

8 約二週成長狀況。

9 約三週成長狀況。

10 約三個月成長狀況。

11 約四週成長狀況，因品
種不同之故，這盆幼莖
顏色為紅色。

台灣蘋果，此為六個月成長狀況。

 Point

蘋果為溫帶水果，植株到了夏天常會因高溫而死亡，盡量避免陽光直射並維持良好的通風環境，才有可能讓蘋果種子盆栽存活久一點。

泡水催芽法

NG

水太少。

水太多爛根現象 1：頂端莖葉變黑。

水太多爛根現象 2：植株伏倒。

感染潛蠅（潛葉蟲）

255

國家圖書館出版品預行編目 (CIP) 資料

種子盆栽真有趣：無性繁殖╳直接種植╳泡水
催芽 / 張琦雯、傅婉婷作；—初版．—台中市
：晨星，2021.05
面； 公分．—（自然生活家 ； 43）
ISBN 978-986-5582-13-5（平裝）

1. 盆栽 2. 園藝學

435.11　　　　　　　　　　　110001824

詳填晨星線上回函
50 元購書優惠券立即送
（限晨星網路書店使用）

 自然生活家043

種子盆栽真有趣　無性繁殖╳直接種植╳泡水催芽

作者	張琦雯、傅婉婷
主編	徐惠雅
執行主編	許裕苗
版型設計	許裕偉

創辦人	陳銘民
發行所	晨星出版有限公司
	台中市 407 工業區三十路 1 號
	TEL：04-23595820　FAX：04-23550581
	E-mail：service@morningstar.com.tw
	http：//www.morningstar.com.tw
	行政院新聞局局版台業字第 2500 號
法律顧問	陳思成律師
初版	西元 2021 年 05 月 06 日

總經銷	知己圖書股份有限公司
	106 台北市大安區辛亥路一段 30 號 9 樓
	TEL：02-23672044 / 23672047　FAX：02-23635741
	407 台中市西屯區工業 30 路 1 號 1 樓
	TEL：04-23595819　FAX：04-23595493
	E-mail：service@morningstar.com.tw
	網路書店 http://www.morningstar.com.tw
讀者服務專線	02-23672044 / 23672047
郵政劃撥	15060393（知己圖書股份有限公司）
印刷	上好印刷股份有限公司

定價　480　元
ISBN　978-986-5582-13-5